Books Bear
布克熊

我的动物工友

爆笑动物职业图鉴

文小通 著　中采绘画 绘

文化发展出版社
Cultural Development Press
·北京·

海洋世界

非洲

北美

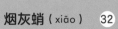

亚欧大陆

疯狂动物城

极地

会议中

目录
CONTENTS

在我们美丽的地球上，有各种不同的生态环境，分为陆地生态系统和水域生态系统，不同的环境中生活着种类繁多的动物。

聪明的动物们为了更好地适应环境，在相当漫长的时间里，努力地进化成了现在的模样，并且，为了能生活得更好，它们总是各司其职，兢兢业业地履行着各自的"职责"。

今天，我们首先去探访一下生活在海洋中的动物们，看一看它们都从事什么有趣的"职业"吧！

不过，在走近这群可爱的动物之前，我们得先来认识一下它们的

居住地——海洋。

　　作为地球上比大地还要宽广的蓝色世界，海洋根据垂直方向上的光照条件，被分成了透光带、微光带和无光带三层。

　　其中，透光带，也称真光层，是距离海面约八十米的水层。

　　透光带光线充足，不仅适宜浮游植物和海藻等生长，也很适合海洋动物们的生存与繁殖。因此，绝大多数海洋生物，都是透光带的居民。透光带，也是海洋中最热闹、最活跃的区域。

海洋世界

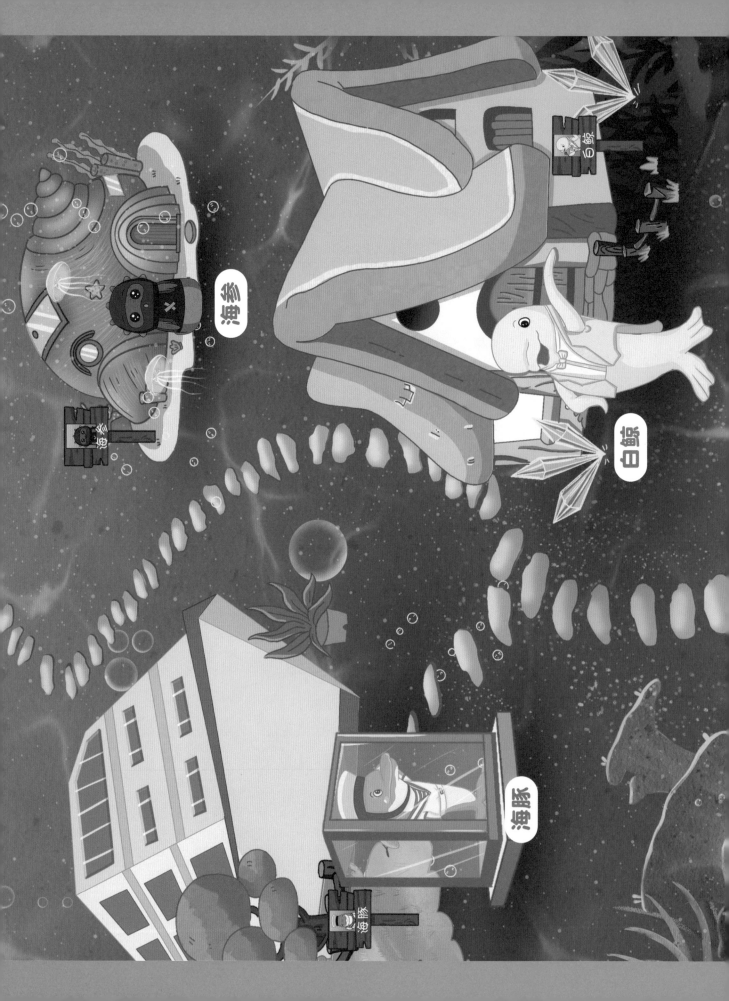

红雀鲷 ▶

裂唇鱼

装饰蟹

拟态
章鱼

白鲸

海豚

蓝鲸

鲸鲨

夏威夷
僧海豹

信天翁

海参

烟灰蛸

红雀鲷

个人简历

别　　名	加州宝石雀鲷
目	鲈形目
科	雀鲷科
生 活 地	大西洋、印度洋、太平洋热带珊瑚礁海域
颜　　色	橙色、蓝色
食　　物	藏在巨藻中的众多小型生物
性情习性	好斗、凶猛；日出而作，日落而休
寿命年限	20 年
职　　业	农夫（负责栽种海藻，俗称农夫鱼）

自我介绍

嗨，小朋友们！

我的名字叫红雀鲷，你们也可以叫我加州宝石雀鲷。

你瞧，我的身体是椭圆形的，全身上下都是美丽的橘红色，这让我对自己的颜值非常自信。

我必须告诉你的是，我的体色并不是一成不变的。当我还是一条小鱼的时候，我的全身分布着许多不均匀的蓝色荧光斑点，只不过，这些迷人的小斑点，在我长大后，便渐渐消失了。

我喜欢生活在巨藻中，因为海藻是我最主要的食物。不过，就像你知道的一样，除了我，还有许许多多的小动物也很喜欢巨藻。比如贝壳、海蜗牛，以及一些体形比我小的鱼类，等等。因此，为了保卫我最爱的海藻，我不得不时刻保持警惕，不断地在海藻田中巡逻，并赶走一切"骚扰者"。

职场经历 ⊘

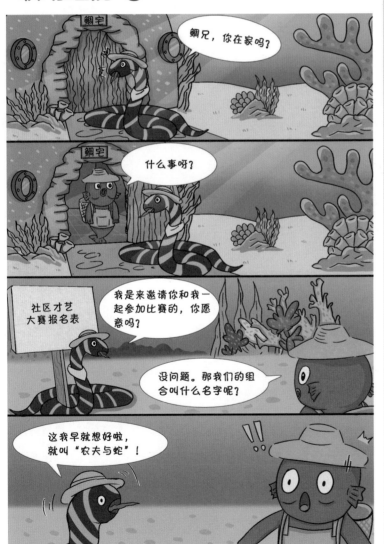

你可别以为我胆小，在做这些事情的时候，我的表现超级勇猛。

不过，保护海藻田，可不仅仅是将"骚扰者"赶走，我还得负责栽种海藻。同时，为了照顾好它们，我必须日复一日地清理掉海藻上面的螺和海胆。所以，整个白天我几乎都在忙碌，直到夜幕降临才停下来休息。这种"日出而作，日落而休"的工作模式，让我得到了一个亲切的俗称——"农夫鱼"。

作为一名合格的农夫，如果从我开始巡视领地的时间算起，我每天的工作时长，可是比朝九晚五的办公室白领更长，堪称"海洋界劳模"呢。

红雀鲷

裂唇鱼 ▶

装饰蟹

拟态
章鱼

白鲸

海豚

蓝鲸

鲸鲨

夏威夷
僧海豹

信天翁

海参

烟灰蛸

个人简历

别　　　名	飘飘鱼、医生鱼
目	鲈形目
科	隆头鱼科
生　活　地	太平洋和印度洋大部分海域
颜　　　色	白色、黑色、蓝色、黄色
食　　　物	杂食
性情习性	温和；夜间栖息在岩间小洞，会吐黏液把身体裹住
寿命年限	7年
职　　　业	医生（为生病的鱼捕捉口腔里和身上的寄生虫，并清除脏东西）

裂唇鱼

自我介绍

　　大家好，我是裂唇鱼。由于我游泳姿势十分独特，像一张在水中漂动的纸条，所以也常被叫作飘飘鱼。

　　我的体形娇小玲珑，体长6~14厘米，嘴巴却是长长的，牙齿很尖利。我的腹部是乳白色的，鱼尾带蓝色。当我还是一条幼鱼的时候，我的身体是黑色的，体侧各有一条逐渐变宽的蓝色横纹，而在我成年之后，我的身体变成了黄色，横纹则变成了黑色。因此，大家总是很难通过我小时候的形象来辨认成年后的我。

我的家在水深 1~40 米的珊瑚礁区，这是个超大型社区，住着许许多多居民。在这里，我的职业是一名医生，专门负责给其他鱼类除虫治病。

每当社区里有鱼类生病，例如，身上有了寄生虫或者腐败组织时，我都会认真地帮它们清理寄生虫和伤口。当它们感到身上痒痒时，也都会主动跑来寻求我的治疗。它们将我身上鲜明的蓝、白、黑、黄条纹组合，看作是"诊所"的标志，亲切地称呼我为"医生鱼"。

我对工作的热爱，以及对病鱼们负责任的态度，为我在社区里赢得了超高的人气。大家都很喜欢我，就连凶恶的大海鳝也对我十分友善。当我们

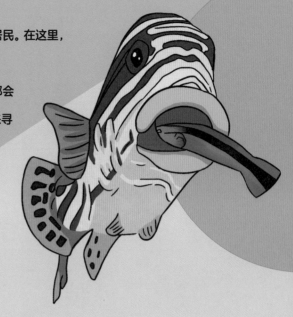

职场经历 ⊻

在社区里碰面时，它总会温顺地张大嘴巴和鳃盖，主动地邀请我进去帮它清洁口腔和鳃部。当我在它的嘴里和鳃里自由穿梭，啄食那些藏在它的牙缝和鳃丝里的杂物时，它不仅不会伤害我，有时候还会充当我的保护者。

不过，就像人类医生无法治愈所有病症一样，我的清理和治疗也不是万能的。比方说，对于一些伤口已经溃烂的病鱼来说，我的啄咬，不仅会让它们感到十分疼痛，还会让它们裸露的伤口遭受被感染的风险。

装饰蟹

个人简历

科	蜘蛛蟹科
生活地	海洋
食 物	海藻、海带、软体动物、行动缓慢的无脊椎动物以及任何碰巧漂浮着的生物尸体
寿命年限	8~60 年
职 业	时装设计师（经常在身上放一些海藻和很小的海绵，让自己不被发现）
特 点	会在身上"种植"活的海洋生物，形成一种天然伪装，有些有毒性的海洋生物还被它用来防御攻击

红雀鲷
裂唇鱼
拟态章鱼
白鲸
海豚
蓝鲸
鲸鲨
夏威夷僧海豹
信天翁
海参
烟灰蛸

自我介绍

大家好，我的名字叫装饰蟹，一种因酷爱装扮自己而得名的生物。

我很擅长伪装自己。为了不被潜在的敌人发现，也为了捕食和恐吓对手，我经常会在居住地内，选取一些惹眼的物体，比如海草、海藻、海绵、褐藻胶等水生生物"种植"到自己身上。

我从不担心这些天然的装饰物会突然脱落，因为我的全身覆盖着许多坚硬细小的刚毛，它们会像活着的魔术贴一样，帮我把这些装饰物牢牢地固定住。

有时候，为了吓退捕食者，我也会在身上装饰一些有毒的动植物，例如，藤壶、带刺海葵等。在我遇到危险时，它们可以保护我不受其他捕食者的伤害。你可不要以为只有我单方面受益哦，这些有毒的装饰物对此也并不反感呢。比如海葵，它和我就是互相协作的"好搭档"，它为我提供保护，我为它提

职场经历 ⊙

供食物。因此，即便在我换壳时，我也不会丢弃这群活蹦乱跳的小伙伴，我会将它们插到新的外壳上。

我的这种既巧妙又有趣的行为，不仅让我能很好地保护自己，也为我赢得了一个"时装设计师"的称号。作为一名时尚宠儿，我可以很骄傲地说，在这片海里，没有谁比我更懂时尚。

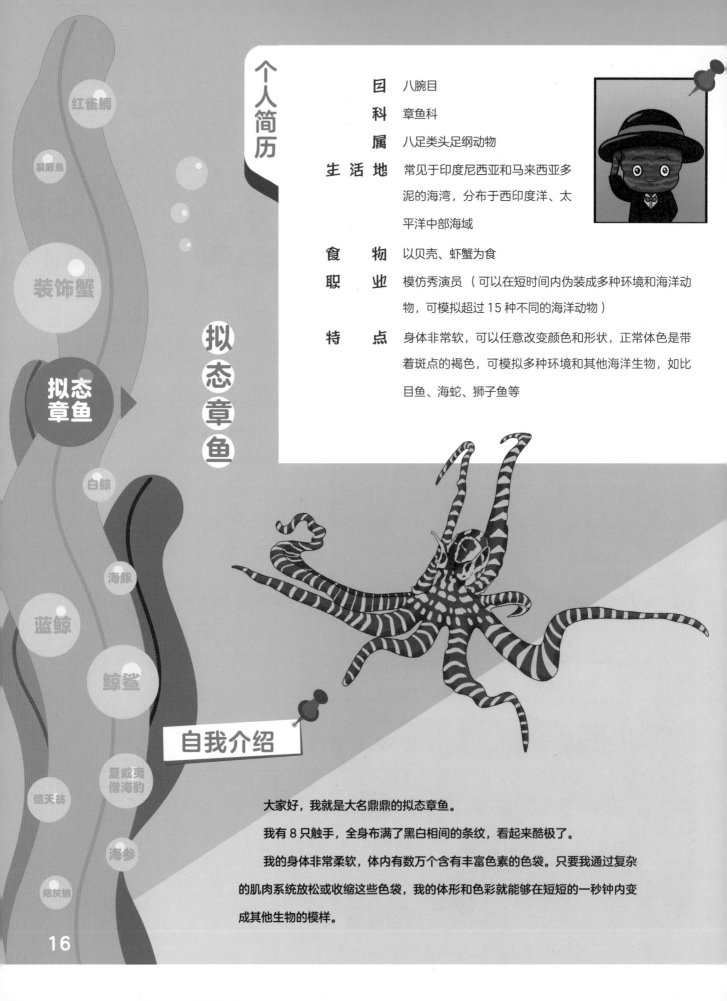

个人简历

目	八腕目	
科	章鱼科	
属	八足类头足纲动物	
生 活 地	常见于印度尼西亚和马来西亚多泥的海湾，分布于西印度洋、太平洋中部海域	
食 物	以贝壳、虾蟹为食	
职 业	模仿秀演员（可以在短时间内伪装成多种环境和海洋动物，可模拟超过 15 种不同的海洋动物）	
特 点	身体非常软，可以任意改变颜色和形状，正常体色是带着斑点的褐色，可模拟多种环境和其他海洋生物，如比目鱼、海蛇、狮子鱼等	

红雀鲷

裂唇鱼

装饰蟹

拟态章鱼

拟态章鱼

白鲸

海豚

蓝鲸

鲸鲨

夏威夷僧海豹

信天翁

海参

烟灰蛸

自我介绍

大家好，我就是大名鼎鼎的拟态章鱼。

我有 8 只触手，全身布满了黑白相间的条纹，看起来酷极了。

我的身体非常柔软，体内有数万个含有丰富色素的色袋。只要我通过复杂的肌肉系统放松或收缩这些色袋，我的体形和色彩就能够在短短的一秒钟内变成其他生物的模样。

16

现在，你大概已经猜到了我的职业了吧？是的，我是一名模仿秀演员。

我可以模仿15种不同种类的海洋生物，例如，比目鱼、海蛇、狮子鱼、海百合、海葵、水母、螳螂虾，等等。并且，我的演技相当高超，由我模仿出来的生物，常常可以达到以假乱真的程度。

除了海洋生物外，我还可以模拟周边的环境，让自己快速与周边环境的颜色和图案保持一致。也就是说，当危险临近时，我能够任意改变颜色和形状，瞬间从岩石或暗礁中"消失"。

职场经历 ⊌

嘿，章鱼！

糟糕！

奇怪奇怪！难道是我眼花了？

好险！俺又逃过一劫。

当然啦，顶级的模仿秀演员都是有独门绝技的，我也不例外。有时候，为了逃脱被捕食的命运，机智的我，还会根据捕食者的类型来选择模拟对象。比方说，当我遇到的是大型食肉动物鲨鱼时，为了吓退它，我会选择模仿有毒的蓝环章鱼、海蛇、狮子鱼；当我遇到海蛇时，我则会选择藏在沙堆里，变幻成沙地的颜色来迷惑它；而当我需要捕食时，我会将自己伪装成看起来无害的海百合，安静地站在沙地上，等待着虾蟹们的到来。

个人简历

别 名	贝鲁卡鲸、海上金丝雀	
目	鲸偶蹄目	
科	一角鲸科	
生 活 地	北冰洋及附近海域（欧洲、美国阿拉斯加和加拿大以北的海域）	
食 物	胡瓜鱼、比目鱼、杜父鱼、鲑鱼和鳕鱼，也食用无脊椎动物，如蟹、虾、蛤蚌、蠕虫、章鱼、鱿鱼和其他海洋底栖生物	
性情习性	温柔；群居动物，每年 7 月，成千上万头白鲸从北极地区出发，开始它们的夏季迁徙	
寿命年限	25 ~ 30 年	
天 敌	虎鲸、北极熊	
职 业	歌唱家（会用变化多端的歌声跟亲朋好友交流）	
特 点	白鲸是鲸类家庭中最厉害的"口技"专家	

红雀鲷

裂唇鱼

装饰蟹

拟态章鱼

白鲸

海豚

蓝鲸

鲸鲨

夏威夷僧海豹

信天翁

海参

烟灰蛸

白鲸

自我介绍

大家好，我是来自鲸类家族的白鲸，也有人喜欢叫我贝鲁卡鲸。

我没有背鳍，长得又粗又壮；头部圆圆的，占身体的比例很小，高高鼓起的额隆柔软有弹性；嘴喙很短，拥有天生的"微笑唇"。我的皮肤颜色很特别。刚出生时，是暗灰色的，随着年龄的增长，会逐渐变得非常浅淡，成为一种独特的白色。在鲸类王国中，我和其他成员还有一个明显的不同，那就是我的皮肤是可以变换的！

在我成年以后，每年夏季，当我的皮肤变成淡黄色时，就是变色的时候啦！

我是一名潜水高手，下潜深度可以达到 600 米，但游动速度比较缓慢。当我游泳的时候，我喜欢将白白的肚皮朝上。因此，虽然我总在海面或者贴近海面的地方活动，你却很难从海浪中发现我。

我喜欢和亲朋好友们生活在一起，我们之间非常和睦友爱。我们会一起嬉戏玩耍，一起像杂技演员那样在水面上表演。每当这时，大家都很开心，会不停地发出欢快的声音。

一年中的大部分时间，我和家人生活在北冰洋附近的海域，直到每年 7 月份，才会成群结队从北极地区出发，在纬度靠北的地方迁徙。

我们喜欢热闹，在迁徙的途中，为了自娱自乐，也为了相互交流，我们会不停地"歌唱"。你可不要以为我在吹牛，事实上，我和我的家人都是优秀的"歌唱家"。我们能发出几百种不同的声音，这些声音有的像猛兽的吼声、鸟儿的叽叽喳喳声、婴儿的哭声，有的则像铰链声、铃声和汽笛声。因为嗓门大、声音多变、"口技"了得，我们还获得了一个响亮好听的名字，叫作"海上金丝雀"。

职场经历 ⊙

19

个人简历

目	偶蹄目
科	海豚科
生 活 地	世界各大洋、内海及江河入海口附近的咸淡水域
食 物	鱼类、乌贼等
性情习性	温和、活泼。通常喜欢群居。听觉是海豚最灵敏的感官，捕食、游泳和嬉戏，都依靠听觉进行
寿命年限	45 年
职 业	海军（海军军队中的军用海豚已经被训练用于增强防御措施，如探测水雷和潜水艇）、海上救生员（帮助人类逃脱鲨鱼的进攻）
特 点	是鲸类中最大的一科

红雀鲷

裂唇鱼

装饰蟹

拟态章鱼

白鲸

海豚 ▶

蓝鲸

鲸鲨

夏威夷僧海豹

信天翁

海参

烟灰蛸

海豚

自我介绍

大家好，我也是鲸类王国成员，我的名字叫海豚。

和其他鲸类一样，我的体形优美，浑身乌黑光亮。我有一双大大的眼睛，尖尖的嘴巴好像时刻保持着微笑，肚皮是好看的银灰

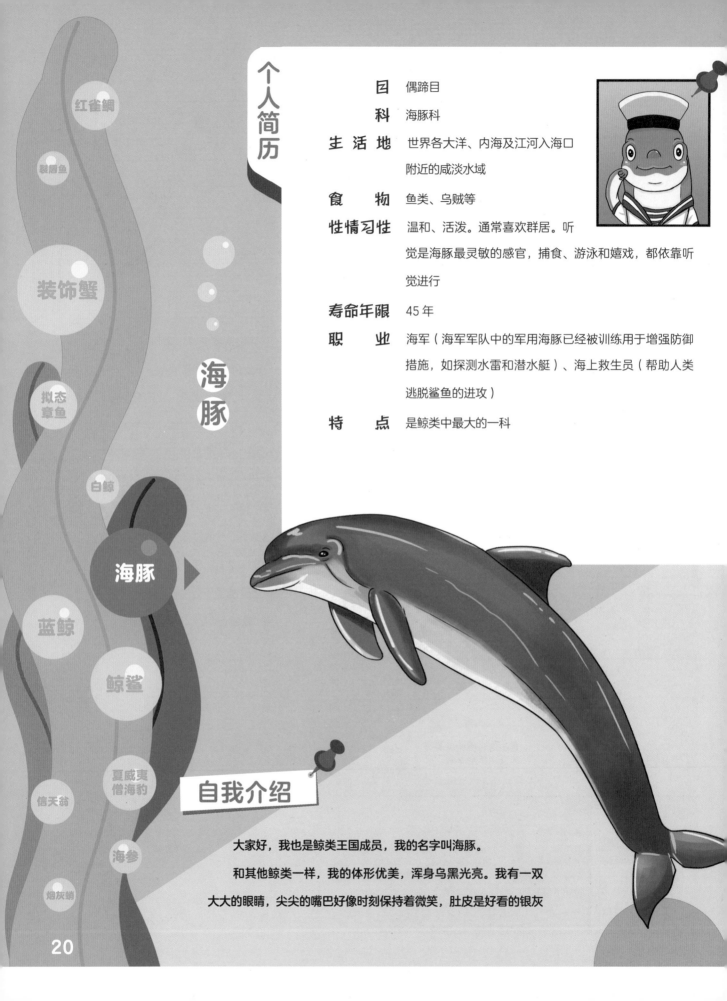

色，尾巴像一把大扇子。最特别的是我的鼻孔，它长在我的头顶上，方便我出水换气。

我很擅长游泳，速度每小时可以达到 40 千米，而且耐力相当好，不仅是海洋中行动最迅速的哺乳动物，也是海洋中长距离游泳冠军。

我喜欢"集体"生活，总是和亲朋好友待在一起。当我们一起行动时，连凶恶的鲨鱼也不是我们的对手。

我的性格温和友善，乐于助人。曾经有好几次，我和家人还联手从鲨鱼手下救助过人类，因此获得了一个"保持微笑的海上救生员"称号呢。

我的声呐系统非常发达，听觉极为灵敏。当我捕食时，即便蒙住我的眼睛，依赖强大的回声定位，我也能够

迅速而又准确地判断猎物的远近、方向、位置和形状。同时，我的智商很高，记忆力超群，可以在人类的训练下学会许多动作。所以，人类军队看中了我的潜力，他们训练我和我的家族成员，利用我们来增强防御措施，探测鱼雷和潜水艇。作为军用扫雷的理想成员，我可以很自豪地说，我也是一名合格的"海军"。

职场经历 ⊻

有名新同事介绍给你认识。

好呀，在哪里？

远在天边，近在眼前。

哪里哪里哪里？到底在哪里？

你好，很荣幸能成为你们中的一员，以后请多关照。

个人简历

别 名	剃刀鲸
目	鲸偶蹄目
科	须鲸科
生 活 地	四大洋均有分布
食 物	以小型的甲壳类（例如磷虾）与小型鱼类为食，有时也包括鱿鱼
性情习性	白天在超过 100 米深度的海域觅食，夜晚在水面觅食；2～3 年生产一次，在经过 10～12 个月的妊娠期后，一般会在冬初产下幼鲸；一般很少结成群体，大多数是孤独的，或 2～3 只在一起活动
寿命年限	50～100 年
职 业	低音歌手（深海中嗓门最大的歌手，但声音频率太低，人耳无法听见，但在海水中传播可以超过八百多千米）
特 点	海洋哺乳动物，蓝鲸不但是最大的鲸类，也是迄今为止最大的哺乳动物，是已知的地球上现存体积最大的动物

自我介绍

大家好，我就是被称为"海中之王"的蓝鲸。因为我的整个身体是优美的流线形，看起来像一把剃刀，我还有一个别称，叫作"剃刀鲸"。

我的体积很庞大，体长可以达到 33 米，有 3 辆公交车那么长，体重

红雀鲷
裂唇鱼
装饰蟹
拟态章鱼
白鲸
海豚
蓝鲸
鲸鲨
夏威夷僧海豹
信天翁
海参
烟灰蛸

在 150~200 吨，相当于 25 头亚洲象的总和。我不但是最大的鲸类，也是已知的地球上

现存体积最大的动物。超大尺寸的体形，让我每天都需要吃很多食物。

我有 4 个胃，一次觅食，就可以吞食掉 200 万只磷虾，

每天可以吃掉近八吨食物。

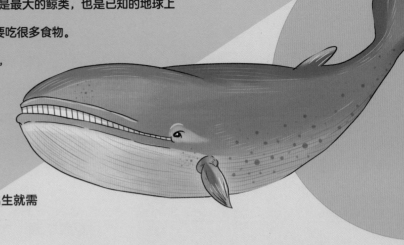

我的皮肤颜色很漂亮，背部是青灰色，有淡淡

的细碎花纹，胸部还有白色的斑点。我的尾巴很大，

又宽阔又平扁，但是背鳍特别短小。

作为地道的哺乳动物，我也用肺呼吸。因为一出生就需

职场经历 ⊘

要空气，所以我出生时，是尾巴先出来。我的肺部很大，可以容纳 1000 多公升的空气。如此大的肺容量，使我的呼吸次数大大减少，每 10 ~ 15 分钟，才需要露出水面呼吸一次。

我的祖祖辈辈都生活在南北极地区，海中的所有哺乳动物都是我的亲戚。不过，我并不喜欢集体生活，大多数时候，我喜欢独自在海洋中游荡，偶尔才和亲朋好友们待在一起。

我的嗓门很大，是地球上嗓门最大的哺乳动物。当我和小伙伴联络交流时，我的叫声能达到 188 分贝，比喷气式飞机起飞时发出的声音还要大，可以在海水中传播八百多千米。不过，由于我有时候发声的频率太低，低于人类能够察觉的频率，我的有些"歌声"人类并不能听见，因此，大家称我为"低音歌手"。但是，若我登台表演，我会大声告诉观众，我——蓝鲸，是深海中嗓门最大的歌手。

别　　名	豆腐鲨、大憨鲨
目	须鲨目
科	鲸鲨科
生 活 地	各热带和温带海区
食　　物	以浮游生物和小型鱼类为食
性情习性	性情温和，通常单独活动，除非在食物丰富的地区觅食，否则，它们很少群聚在一起；游动速度缓慢，常漂浮在水面上晒太阳
寿命年限	70～100 年
职　　业	公交车司机（在鲸鲨的腹部紧贴着小鱼，鲸鲨庞大的身躯犹如公交车，紧贴游动的小鱼犹如乘客）
特　　点	大洋性鱼类。身体庞大，全长可达 20 米，是世界上最大的鱼类。体表散布淡色斑点与纵横交错的淡色带，有如棋盘。 拥有一个宽达 1.5 米的嘴巴，10 片滤食片上内含了 300～350 排细小的牙齿。鲸鲨拥有 5 对巨大的鳃，两只小眼睛则位于扁平头部的前方，鳃裂刚好位于眼睛的后方。身体大部分都是灰色，腹部则是白色。每条鲸鲨的斑点都是独一无二的

红雀鲷

裂唇鱼

装饰蟹

拟态章鱼

白鲸

海豚

蓝鲸

鲸鲨 ▶

夏威夷僧海豹

信天翁

海参

烟灰蛸

鲸鲨

自我介绍

大家好，我是素有"海洋王者"称号的鲸鲨。

听到我的名字，你是不是有些疑惑，会想：这个家伙究竟是"鲸鱼"还是"鲨鱼"？其实，我乃名副其实的鲨鱼家族成员。我还有两个别名——豆腐鲨和大憨鲨，可由于我是世界上最大的鱼类，体形与鲸鱼不相上下，所以人们就干脆称呼我为"鲸鲨"。

我的体色很独特，全身大部分是灰褐色或青褐色，皮肤上散布着迷人的淡黄色或白色斑点，还有许多横条纹，看起来犹如一个移动的大棋盘，漂亮极了。最特别的要数我的牙齿，每当我咬过东西以后，我的牙齿便会自行脱落，然后再长出新的牙齿。也就是说，我的牙齿，几乎一直是尖锐的、崭新的哦！

我喜欢温暖的环境，也很享受慢节奏的生活，常常会独自漂浮在水面上晒"日光浴"，或者在海水中非常缓慢地游动。

我虽然看上去是个庞然大物，性格却相当温和。

我对人类很友善，从不主动攻击人类。在海洋社区里，我还负责交通运输工作，是一名免费的公交车司机呢。

我的乘客主要是一群鲫鱼，它们体形娇小，游泳能力较弱。当它们想要畅游大海时，脾气温和的我，会允许它们用头部的吸盘紧紧地吸附住我的腹部，此时，我庞大的身躯就变成了一辆公交车，载着它们在海洋中四处旅行，为它们"保驾护航"。在旅途中，这群鲫鱼非常热心，它们会帮我清理身体上和嘴巴周围的寄生虫，这让我感觉很舒适。

职场经历 ⬇

鲸鲨大哥，求搭车。

对不起，满员了，你等下一辆吧。

我身材很娇小的，你通融一下啦！

NO

杜绝超载，从我做起！

个人简历

别　名	信天公、信天缘	
目	鹱（hù）形目	
科	信天翁科	
生活地	主要分布于南半球，少数生活在北太平洋和赤道地带，栖息地是海洋	

食　物　鱼类及头足类，也常跟随海船吃船上的剩食

性情习性　它们在岸上表现得十分驯顺，因此，许多信天翁又俗称"呆鸥"或"笨鸟"；信天翁非常恋家，不但成年信天翁几乎都有固定的巢穴，就连很多刚成年的也会回到自己的出生地继续繁殖下一代

寿命年限　50～60 年（是现存野生鸟类中寿命最长的，体形较大的漂泊信天翁和皇信天翁寿命可达 60~70 年）

职　业　滑翔家（翼展很大，可以利用空气的浮力，在空中滑翔好几个小时不必扑扇翅膀）

特　点　大型海鸟。嘴前端钩曲。鼻孔呈管状，左右分开。翅较长，尾较短。腿短，位于身体后部。后趾缺少或退化，前三趾具全蹼。集群营巢于海岛上

信天翁

自我介绍

　　大家好，我的名字叫信天翁，是一种大型海鸟。因为我在岸上活动时，表现得十分驯顺，也有人将我俗称为"呆鸥"或"笨鸟"。

　　我的寿命很长，可以活到 50～60 岁，是现存野生鸟类中寿命最长的。

　　我的双翼又窄又长，展开最大可以达到 3.5 米以上，是现存世界上

红雀鲷

裂唇鱼

装饰蟹

拟态章鱼

白鲸

海豚

蓝鲸

鲸鲨

夏威夷僧海豹

信天翁

海参

炮灰蛸

翼展最大的鸟类。狭长的双翼，让我极其擅长飞行，成为鸟类中的滑翔冠军。

我的滑翔功力可谓出神入化，我可以飞行 8 万千米而不接触地面。在逆风的气候条件下，我能够长时间地停留在空中。有时候，甚至可以滑行几个小时都无须扇动一下翅膀。

对于滑翔，我还有自己的独门绝技。当我滑翔时，随着气流的上升下降，我会像滑翔机一样，巧妙地左右倾斜身体。而当我需要改变飞行方向时，我只要把腿伸开或者闭合脚蹼，就能轻松做到。并且，由于我在滑翔飞行时，很少扇动翅膀，所以在翅膀保持伸展状态下，我的左右脑能交替休息，也就是说，我可以一边飞翔一边睡觉。

酷爱飞行的我，极少在陆地停留，一年中的大部分时间，我都在空中飞行。我的一次单程飞行，里程可以达到 1.5 万千米，给我 46 天的时间，我便可以环游地球一周。

不过，我也有一个弱点，那就是我无法从陆地上起飞，常常需要助跑，或者从悬崖边缘往下跳，才可以飞起来。

职场经历 ⬇

个人简历

目	食肉目	
科	海豹科	
生 活 地	分布于太平洋中部的夏威夷群岛热带海域	
食 物	以鳗鱼、比目鱼、章鱼、龙虾、裸胸鳝等鱼类和头足类为食	

性情习性 除了繁殖季节，夏威夷僧海豹通常独来独往，偶尔会小群生活；它们夜间活动，用大量时间在海上觅食，饱餐一顿后返回岸上睡觉；通常，活动区域靠近出生岛屿，仅有 10% 的僧海豹移居他岛。由于没有旋转后蹼的能力，它们用前鳍在陆地上移动。但它们在水中非常敏捷，用脚蹼自如控制梭状身体；它们不做大范围洄游，通常在 75 ～ 90 米深的珊瑚礁斜坡捕食，能潜水 5 ～ 14 分钟，最深下潜 500 米

寿命年限 25 ～ 30 年

职 业 僧侣（外形很像和尚，有"活化石"之称，数量稀少，目前仅存有 1400 只）

特 点 是唯一全年都在热带海域中生活的海豹。正如名字一样，该物种仅生活在夏威夷附近的海岛和环礁上。成年海豹头部很圆，且有细密的短毛，看起来很像和尚头，因此得名。

享受孤独，喜欢独自待着，偶尔才和家人们生活在一起

夏威夷僧海豹

红雀鲷

裂唇鱼

装饰蟹

拟态章鱼

白鲸

海豚

蓝鲸

鲸鲨

夏威夷僧海豹

信天翁

海参

烟灰蛸

自我介绍

大家好，我的名字叫夏威夷僧海豹。我是现存海豹中最原始的一类成员，有"活化石"之称。

正如我的名字一样，我是地道的夏威夷群岛居民。很久很久以前，我的祖辈们就已在夏威夷定居，这里，是我们在地球上唯一的家园。

28

我是一名僧侣。我知道这样说有些滑稽，但谁让我在地球上存在的时间太过漫长，这让我见多识广。另外，我的长相，也给了我这样说的底气。你瞧，我没有外耳，一双眼睛又黑又大，小小圆圆的脑袋上，长着细密的短毛，看起来是不是与和尚颇为相似？

哦，对了，我刚出生时，皮毛是黑色的，慢慢地，这些黑色的软毛，会蜕变成一种好看的银灰色，腹部则变成银白色。另外，我长得类似鱼雷，这让我成为天生的游泳和潜水高手。

你知道吗？我一次可以憋气 20 分钟，最深能够下潜到 500 米的海域。不过，比起白天，我更喜欢夜间出来活动，并花大量的时间在海上觅食。幸运的是，善于游泳的四肢、敏锐的视觉和听觉，让我很轻易就能在深海珊瑚礁里获得食物。

可是，当我在陆地上活动时，一切都变得不一样了。

你猜怎么着？原来，由于我无法旋转后蹼，所以在陆地上，我只能依靠前鳍缓慢地匍匐爬行，显得十分笨拙。现在，你知道我为什么那么喜欢大海了吧？一年中的大部分时间，我都在海中度过，只有蜕毛的时候才选择留在海滩上。

职场经历 ⊙

阿弥陀佛，师父，我们既然是僧侣怎么还能沾惹荤腥呢？

你听谁说僧侣不能吃荤腥的？

呃……我上次偷听了两个人的谈话……

那我问你，你是谁？

师父，我是你的徒弟小僧海豹呀！

哼！原来你还知道你是僧海豹呢！那人类定的规矩和你有什么关系？

别 名	刺参、海鼠
属	刺参属
门	棘皮动物
生 活 地	主要分布于印度洋和西太平洋珊瑚礁海域
颜 色	棕色、淡蓝色、绿色（能随着不同的居处环境而变化体色，这种体色变化，可以有效地躲过天敌的伤害）
食 物	以藻类等浮游植物为食
性情习性	休眠
寿命年限	约10年
职 业	特工（有各种技能，如"隐身术""自溶术""分身术""变色"）、回收员 （吞食海底泥沙，搬运海底沉积物、从事回收利用工作）、天气预报员（能预测天气，在风暴来临前，会提前躲到石缝里，渔民利用这种现象来预测海上风暴的情况）
特 点	夏眠从夏至开始约100天。当水温下降到20摄氏度以下时即解除夏眠。 海参繁衍在地球上比原始鱼类更早，大概在六亿年前的早寒武纪就开始存在，是现存最早的生物物种，有"海洋活化石"之称

海参

红雀鲷

裂唇鱼

装饰蟹

拟态章鱼

白鲸

海豚

蓝鲸

鲸鲨

夏威夷僧海豹

信天翁

海参

烟灰蛸

自我介绍

海参 ▶

大家好，我的名字叫海参，是一种全身长满了小肉刺的海洋动物。我的生活范围很广，从海边至8000米的深海区，都有我的身影。白天，上层海水暖和时，我会上浮到海面活动；待到夜晚，海水温度下降，我便退回海底。

入夏以后，当上层水温达到 20 摄氏度时，我则会躲进深海岩礁底部"夏眠"。直到秋天来临，水温下降到 20 摄氏度以下，我才会苏醒过来。

你别看我的个头很小，没有尖利的牙齿，也没有别的厉害的"武器"。其实，我是一名潜藏在海底的特工，有很多神奇的本领呢。

我会变色，我的皮肤会随着环境发生改变。这个技能，帮助我顺利逃过了很多天敌。

我能"排脏自保"。情况十分危急时会迅速将内脏器官排出体外来迷惑鲨鱼，然后借助排脏的反冲力远远逃开，大约 50 天，我又会长出一副新的内脏。

我还会一套巧妙的"分身术"，把自己切成好几个小段，几个月后，每一段又会生长为一个全新的我。

除了"分身"，我还会"隐身"。在我离开海水后，体内会产生一种自溶酶，这种自溶酶，能让我在 6 ~ 7 小时内自动溶成液体，消失得无影无踪。

另外，为了隐藏我的特工身份，平日里我还从事着另外两份工作，并且，这两份"兼职"我也干得相当出色。

我的第一份兼职是一名天气预报员，负责预测天气。在风暴来临前，我会提前躲到石缝里，附近的渔民，会根据我的行为来预测海上风暴的情况。

我的第二份兼职是一名回收员。我可以吞食海底的泥沙，消化其中的微小生物，再排出干净的沙子。据人类统计，我一年就可以吞掉 50 ~ 70 千克泥沙，我和我的亲朋好友们每年所搬运的泥沙量高达 500 ~ 1000 吨。

好啦，现在你可以来夸我是最神奇的海洋生物啦！

职场经历 ⊙

别 名	俗称"八带鱼"
目	八腕目
科	十字蛸科
生 活 地	新几内亚、阿尔古滩、加那利群岛、亚速尔群岛、加斯科尼湾、辛格斯比斯深渊，以及中国南海等海域；广泛分布于温带、热带和寒带海域的大陆架，北极海还有一些深海性品种生活在 400～5000 米的深海区域
食 物	甲壳类
性情习性	大洋深渊区系成员，主要栖居于水深超过 1000 米的大陆坡下区，以及在大陆坡以外的深海平原（水深一般为 3000～6000 米）。主要以腕间膜的收缩与扩张鼓动水流，形成推进的力量而游行于底层，也有一定范围的垂直活动
寿命年限	3～5 年
职 业	芭蕾舞者（在海底翩翩起舞，会像小飞象一样轻轻呼扇耳朵）
特 点	它长约 6 英尺（约 2 米），重大约 5.9 千克。发现于 2009 年，人称"深海小飞象"，是一种人们了解甚少的特殊章鱼，是深海生物界难得一见的萌宠

烟灰蛸

红雀鲷

裂唇鱼

装饰蟹

拟态章鱼

白鲸

海豚

蓝鲸

鲸鲨

夏威夷僧海豹

信天翁

海参

烟灰蛸

自我介绍

大家好，我的名字叫烟灰蛸，是一种直到 2009 年才被人类发现的特殊章鱼，我还有一个俗称叫"八带鱼"。

我的外形很萌，身子圆圆的，眼睛大大的，非常惹人怜爱。

我生活在 400 ~ 5000 米的深海区域，是个标准的"无光带社区"居民。常年暗无天日的海底生活，让我的体内缺乏色素细胞，身体大部分都是透明的胶质，不具备其他常见章鱼的拟态保护本领。不过，你可别因此小瞧我，我也有自己的"独门绝技"。

作为八腕目家族成员之一，我和其他章鱼一样，也拥有 8 条腕足。我的腕足由一层腕间膜连接，当我将它们张开时，就好似一把撑开的雨伞，漂亮极了。另外，与其他章鱼不同的是，我的每一条腕足都长着两排细细的须毛，它们是我的好帮手。当我需要捕食时，我的独家"腕足雨伞"就像一张大网一样罩住猎物，而我只要轻轻地摆动须毛，就可以将猎物吞入口中。这些特殊技能，在没有阳光、生物种类稀少、食物匮乏的无光带社区，可以帮助我获取更多的食物。

我的头上有两只可爱的"大耳朵"，我也因此被称为"小飞象章鱼"。这个名字听起来真美！但这两只"大耳朵"其实是我的鳍，帮我运动自如。

当我在海底游动时，我主要依赖腕间膜的收缩与扩张推进水流，同时，为了获取更大的动力，我必须不停地轻轻地扇动两只"大耳朵"。这些做法，让我的泳姿看起来又欢快又优美，好像在海底世界翩翩起舞。所以，现在你知道了吧，我其实是一名"芭蕾舞者"。

职场经历 ⊗

你喜欢我的舞蹈吗？

喜欢。但我有一个建议。

什么建议，是我哪里跳得不好吗？

不，我是建议你长高一点时再跳芭蕾舞，那样你就不用踮脚了。

我究竟说错了什么？

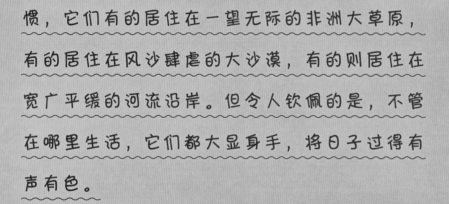

除了海洋，在广袤的大地上，还生存着许许多多的动物，比如说，凶猛的斑鬣狗、优雅的长颈鹿、高大威猛的大象，等等。这群可爱的动物，有各自的生活习惯，它们有的居住在一望无际的非洲大草原，有的居住在风沙肆虐的大沙漠，有的则居住在宽广平缓的河流沿岸。但令人钦佩的是，不管在哪里生活，它们都大显身手，将日子过得有声有色。

今天，让我们一起走进这群非洲动物的世界，去看一看它们又从事什么有趣的"职业"吧！

非洲

白犀家

白犀

猎豹家

驼鸟家

驼鸟

骆驼

骆驼货车

我的动物工友
爆笑动物职业图鉴

个人简历

白犀

别　　名		白犀牛、方吻犀、宽吻犀
目		奇蹄目
科		犀牛科
生　活　地		非洲中部、南部、东部，栖息地包括茂密的森林、草原地带和林地
颜　　色		淡灰色
食　　物		食草
性情习性		性情温和；喜群居，每群 3 ~ 5 只或 10 ~ 20 只，喜泥水浴，会在固定地点排便。冬天白天活动，夏天早晨和黄昏活动，喜欢在树荫下睡觉
寿命年限		35 ~ 45 年
职　　业		击剑运动员（擅长用锐利的犀角来进行格斗，而且拥有像防弹衣一样的坚韧皮肤）
特　　点		体大威武，形态奇特，是仅次于象和河马的第三大陆生脊椎动物

自我介绍

　　大家好，我的名字叫白犀，一种生活在非洲的犀牛。由于我的上嘴唇又宽又平，接近方形，也有人叫我方吻犀或宽吻犀。

　　我的体形很庞大，是现存体形第二大的犀牛，也是仅次于象和河马的第三大陆生脊椎动物。

　　作为犀牛家族中唯一食草的成员，我的性情很温和，喜欢集体生活，总是和家人朋友们一起行动。

　　若说起我哪里最特别，那一定是我的长相。我的头部很长，大约有1.2米。一双小小的眼睛，分别长在头部两侧，以致我观察事物时，只能先用一只眼睛看，然后再转过头用另外一只眼睛看。我几乎没有体毛，全身上下只有耳边和尾巴处分别有一小圈短毛，裸露在外的皮肤光滑坚韧，有3~4厘米厚，看起来就像穿着防弹衣一样。

　　最奇特的是我的两只角，它们有很多值得夸赞的地方。它们很长，整个犀牛家族中

最长；

它们不是骨质的，而是由我的角质纤维堆积而成，但又锋利又坚硬；和大多数食草动物的顶角不同，它们没有长在我的头顶上，而是调皮地一前一后长在了我的鼻梁上；它们一大一小，前面一只角比后面一只角要大得多。

　　我太爱自己这两只神奇的角啦，它们是我的武器。当我遇到危险时，我用它们来自卫或者进攻。闲暇时间，我和我的小伙伴们则会化身为击剑运动员。我们两两一组，利用各自的角，进行"击剑"比赛。每当这种时候，我的那些不上场的亲友，就会站在一旁充当啦啦队，为我们加油助兴。

职场经历 ⬇

个人简历

目	长鼻目	
科	象科	
属	非洲象属	
生 活 地	非洲东部、中部、西部、西南部和东南部等广大地区	
食 物	以野草、树叶、树皮、嫩枝等为食	
性情习性	群居性动物，以家族为单位；性情温驯憨厚、智商很高	
寿命年限	60～70年（是寿命最长的哺乳动物之一）	
职 业	景观设计师（不仅能把树木连根拔起，还会踩出水坑和泥塘）	
特 点	嗅觉和听觉都很灵敏，是现存最大的陆生哺乳动物。	

最高纪录为一只雄性，体全长10.67米（包括鼻子和尾巴），前足围1.8米，体重8吨

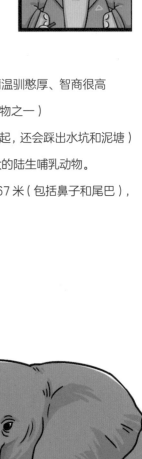

大象

自我介绍

大家好，我的名字叫大象，是现今世界上最大的陆生哺乳动物。我高大威猛，四肢十分粗壮，耳朵长长的，像两把大蒲扇，帮我赶走讨厌的蚊蝇。我的牙齿又长又尖，好似古代的长矛，当我遇到危险时，它是我防御敌人的重要武器。我还有一个灵巧能干的长鼻子，

像一根圆柱形的软管子，可以用来吸水喝，可以帮我把食物卷入口中，它还能轻松地甩到我的背上，像浴室里的喷头一样把吸入的水喷出，这对酷爱洗澡的我来说，真的太重要啦！

我喜欢集体生活，与家族其他成员关系相当好。在我们这个大家庭中，担任首领的是雌象，每一天，我们的活动时间、行动路线、觅食地点、栖息场所等都要听从它的指挥。而其他的成年成员，则负责保卫大家的安全。当我们走散了，或者互相之间距离较远时，我们会用一种人类听不到的次声波来交流。这种次声波可厉害了，能够传播到 11 千米远的地方。如果次声波受到干扰，我们则会一起跺脚，那些震耳欲聋的"轰隆隆"声，就是我们的交流方式。

你别看我是个庞然大物，其实我的脾气很好，性格温驯憨厚。而且，我还很有同情心。当我的同伴遇到麻烦时，我会感到沮丧，会主动地帮助它、安慰它。如果有同伴不幸死掉，我会把树枝、石头、树叶盖在它的身上，并在它身旁不停地转圈，表示哀悼。

我的智商很高，仅次于大猩猩、海豚等动物，相当于一个四五岁的人类小孩的智商。

有时候，为了改变自身的生存环境，我和家族成员一起成了景观设计师。我们会用长鼻子把树木连根拔起，将森林夷为平地。当缺乏饮用水时，我们还会不断地挖掘，直至将地下水蓄成水塘。这些由我们修建的水坑和泥塘，供我们和其他动物享用。

职场经历 ⊕

个人简历

别　　名	印度豹	
目	食肉目	
科	猫科	
属	猎豹属	
生 活 地	非洲	
食　　物	各种羚羊、小角马、鸵鸟等	
性情习性	日出而作，日落而息。一般早晨5点前后开始外出觅食，午间休息，午睡的时候，每隔6分钟就要起来查看一下周围有无危险。比较警觉，行走的时候不时停下来东张西望，看看有没有可以捕食的猎物；每一次只捕杀一只猎物，每一天行走的距离大概5千米，最多10千米；虽然善跑，但行走距离并不远	
寿命年限	约15年	
职　　业	短跑健将（能在3秒钟之内提速到每小时95千米）	
特　　点	是世界上奔跑最快的陆地动物，时速可以达到115千米。但最多只能跑3分钟，超时必须减速，否则，它们会因身体过热而死	

猎豹

自我介绍

　　大家好，我的名字叫猎豹，是一种大型猫科动物。因为我的祖先曾在印度生活过，所以你也可以叫我印度豹。

　　我有一个很神气的外表。头很小，皮肤是淡黄色的，全身都分布着黑色的斑点。嘴角到眼角，有一道黑色的条纹，尾巴末端的三分之一处，也有黑色的环纹。

这些特征，让我在猫科家族中极具辨识度。

我的体形消瘦纤细，四肢修长。脊椎骨十分柔软，能像一根大弹簧一样弯折。当我奔跑时，我的前肢和后肢都在用力，急转弯时，身后大大的尾巴，还可以起到平衡作用，让我不至于摔倒。

独特的身体结构，使得我很擅长短跑，是世界上跑得最快的动物。我的时速可以达到 115 千米，并且能在 3 秒钟之内提速到每小时 95 千米。这样说吧，假如我去参加奥运会，与人类的短跑世界冠军进行 100 米短跑比赛，那我这个草原上的短跑健将，可以让我的对手先跑 60 米，我也不会输。

不过，就像每个人都有长处也有短处一样，纤细的体形，也让我的耐力不佳，最多

只能快速奔跑 3 分钟。当我的奔跑时速达到 115 千米以上时，我的呼吸系统和循环系统就会开始超负荷运转。这时候，假如我无法将囤积的热量排泄出去，那我就会有虚脱的危险。所以，尽管我跑得很快，但跑的距离却有限。

通常情况下，我在快速奔跑几百米后，就会开始减速。因此，我在捕食时，会一步一挪地接近猎物，尽可能不让猎物发现。然后，当靠得足够近时，我会突然一下跳起来，猛扑向猎物。大多数时候，1 分钟之内，我便能捕获猎物。但有时候，我也会无可奈何地看着猎物从眼皮底下逃走。

职场经历 ⬇

预备——

加油

砰！

豹兄，开跑啦！

不急，本人是短跑冠军，让他先跑个60米又何妨。

1775

喂，问题是你参加的是50米短跑比赛呀……

嗖——

差点忘了。

45

个人简历

长颈鹿

别　　名	麒麟、麒麟鹿、长脖鹿
目	偶蹄目
科	长颈鹿科
生 活 地	非洲稀树草原地带，主要分布在埃塞俄比亚、苏丹、肯尼亚和赞比亚等国
食　　物	草食动物，以树叶及小树枝为主食
性情习性	群居；有时和斑马、鸵鸟、羚羊混群，日行性；嗅觉、听觉敏锐，性机警、胆怯，平时走路悠闲，但奔跑时速可达 70 千米；晨昏觅食，耐渴，在树叶水分充足的情况下可以一年不喝水
寿命年限	27 ~ 29 年
职　　业	哨兵（一天只睡 2 个小时，大多数时间都在警觉地站岗放哨）
特　　点	是世界上现存最高的陆生动物。站立时，由头至脚可达 6 ~ 8 米，刚出生的幼仔就有 1.5 米高。它的舌头伸长时可达 40 厘米，取食树叶极为灵巧方便

自我介绍

　　大家好，我的名字叫长颈鹿，是非洲的特有动物，也是世界上现存最高的陆生动物。

　　我的长相颇有特色。头上有两只像棒棒糖一样的小角，嘴巴大大的，全身上下都布满美丽的豹纹，四条腿又细又长，看起来就像一个踩高跷的杂技演员。最引人注目的是我的长脖子，当我抬头时，身高可以达到 6 米相当于两层楼的高度，很轻松就能吃到乔木的枝叶。

我喜欢集体生活，大多时候都和家族成员待在一起。偶尔，我也会和斑马、鸵鸟、羚羊等小动物一起活动，我们相处可愉快了。

天生胆小的我，当遇到天敌时，会害怕地立即逃跑。幸运的是，我的奔跑速度很快，每小时可以达到 70 千米。当我奔跑时，我长长的脖子会向后倾斜，像张开的帆一样帮我保持平衡。有时候，实在无法甩掉天敌时，我会把自己的巨蹄当作武器，狠狠地踹向它。

我的听觉极为灵敏。我常常会不停地转动耳朵寻找声源，判断周围是否安全。我还有一双棕色的、眼球突出的大眼睛，它们特别灵活，可以向四周旋转，让我的视野变得极为宽广。敏锐的听觉和视觉，以及高大的身躯，让我成了非洲大草原上移动的"瞭望台"，时时监视着远方的风吹草动。

不过，做一名优秀的哨兵是很辛苦的。我的睡眠时间很少，一个晚上一般只能睡 2 个小时，其余时间都在警觉地站岗放哨。并且，由于我的身高太高，从地上站起来需要花费整整 1 分钟时间，所以，为了能够及时逃生，大部分时间，我都是将头靠在树枝上站着睡觉。只有进入睡梦阶段大约持续 20 分钟时，我才会躺下休息。

另外，我必须澄清一点，我并不是"哑巴"，我有声带，可以发出像牛一样"哞哞哞"的叫声。只是，我的脖子实在太长啦，叫起来很费力气，所以平时很少发声。下一次，如果有人再误会我，请你帮我告诉他真相好吗？

职场经历 ⊕

姓名：长颈鹿
职务：一等哨兵

个人简历

斑鬣狗

别　　名	斑点鬣狗
目	食肉目
科	鬣狗科
生 活 地	非洲撒哈拉沙漠以南的广大地区，生活在热带、亚热带草原和半荒漠地区
食　　物	腐肉、中型的有蹄类动物（如角马或斑马）
性情习性	群居食腐动物、与狮子分庭抗礼的中型夜行性猛兽，白天休息，夜间四处游荡、觅食，单独地或成队地一起猎食
寿命年限	约 19 年
职　　业	清道夫（嗅觉、听觉强大，进食和消化能力极强，会找到腐烂的动物尸体，然后吃掉并打扫干净）、笑星（经常会发笑）
特　　点	是排在狮子之后的非洲第二大食肉动物，并具有难以置信的强大的颌骨和牙齿，使其能够粉碎沉重的骨骼，获得有营养的骨髓；咬合力高达 600 千克，排行哺乳类肉食猛兽第一名

自我介绍

哈哈哈

大家好，我叫斑鬣狗。

我是一种中型夜行性猛兽，在非洲食肉动物中，位列第二。我打架非常凶猛，敢与狮子这个"草原之王"争夺领地和猎物。

然而，若论起长相，我与威严霸气的狮子相比，可就逊色多了。我的个头不大，皮毛是土黄色的，上面分布着许多会随着年龄增长而消退的褐色斑点。最怪异的是我那极不协调的体形，我的后腿明显比前腿短，整个身体处于一种肩高而臀低的状态，一点也不美观。

不过，不够出色的外表，以及不协调的体形，对我的能力没有丝毫影响。

我有一颗很大的心脏，它使我耐力惊人。当我追捕猎物时，我可以保持每小时 60 千米的速度，并能持续奔跑超过 5 千米。我的颈部长而强壮，颌骨和牙齿更是异常强大，能够嚼碎坚硬的骨骼，获取其中营养丰富的骨髓。

我还拥有令人难以置信的消化系统。强力的胃酸，让我能够完全消化整头猎物。这也使得我吃东西速度极快，不到 2 分钟就可以吃净 1 只瞪羚羔。

我的食物中包括腐烂的动物。由于每次吃食都很干净，在广袤的非洲大草原上，我这个积极的猎手担任着清道夫一职。

另外，我还是大草原上的一名"笑星"。我喜欢热闹，总是和一大群家族成员一起生活。当我们在一起时，为了沟通交流，我们常常会大叫、咆哮、低声絮语和发笑。谚语"笑得像鬣狗"就来源于我们响亮的笑声呢。

职场经历 ⓓ

个人简历

目	偶蹄目
科	骆驼科
生活地	北非和南非等
食物	吃沙漠和半干旱地区生长的几乎任何植物，如梭梭、胡杨、沙拐枣等植物
性情习性	性情温顺，日出而作，日落而息
寿命年限	30～50年
职业	货车司机（能忍饥耐渴，连续几天不喝水照常赶路。有着厚厚的脚垫，不怕踩在滚烫的沙子上）
特点	被称为"沙漠之舟"的哺乳动物

骆驼

自我介绍

大家好，我的名字叫骆驼。

作为一种可以在沙漠中生存的哺乳动物，我拥有很多神奇的本领。

我的全身披有约10厘米长的褐色绒毛，寒冬时，可以用来保暖，夏日时，能防止高温辐射。我的足底有厚厚的脚垫，它使我不畏严寒，也能忍耐沙漠

70～80 摄氏度的高温。

　　我的眼睛是重睑，两排睫毛又长又浓，耳内有细密的耳毛，鼻孔内还生有能自由开关的挡风瓣膜。当风暴来临时，它们都是我抵御风沙侵袭的好帮手。

　　我的背上有 1~2 座高高的驼峰，驼峰里可储存 100 多千克脂肪。在我得不到食物时，这些脂肪能够分解成水和能量，维持我的生命活动，让我可以连续四五天不进食。

　　我有 3 个胃室，第一胃室里有许多能够储存水的水脬，这些瓶子形状的水囊一次可贮水近百千克，让我可以连续几天不喝水，也不会有生命危险。

　　我的鼻子构造异常特别，鼻腔内有很多细而曲折的气道。这些气道平时被液体湿润着，但在我需要消耗大量水分时，它们会立即停止分泌液体，并将分泌物结成一层硬膜。这样一来，当我呼气时，硬膜能吸收来自肺部的水分，让它不会散失体外；当我吸气时，贮藏在硬膜中的水分又被输送至肺部，反复循环利用。我的嗅觉特别灵敏，能察觉到 1500 米内的水源。为了保存水分，只有在温度达 40 摄氏度时，我才会流少量汗水。

　　这些让我能在沙漠中长途跋涉的特殊本领，让我成了沙漠地区必不可少的"货车司机"。有"沙漠之舟"美称的我，常常在气候恶劣、水草供应不足的情况下，凭着惊人的忍耐力，坚持为人类运送物资。我本事很大，可以负重 200 千克，并能以每天 75 千米的速度连续行进 4 天。

职场经历 ⬇

个人简历

别 名	行军鹰、秘书鸟	
目	鹰形目	
科	蛇鹫科	
生 活 地	撒哈拉以南非洲的诸多国家	
食 物	大型昆虫和小型哺乳动物，主要是啮齿动物，包括野兔、猫鼬、老鼠、松鼠、蛇、蜥蜴类、两栖类、淡水蟹类、鸟类及它们的卵	
性情习性	白天觅食，晚上休息。单独活动，也经常成对或者 5 只个体组成家庭一起活动	
寿命年限	约 18 年	
职 业	治安员（蛇类的克星，经常在空中巡逻）	
特 点	大型陆栖猛禽。身形高大，雌鸟和雄鸟长得十分相似，雄鸟和雌鸟眼睛周围有一圈赤裸的皮肤，呈橙红色，就像人工镀上了一层美丽的眼影。蛇鹫的上身披浅灰色羽毛，翅膀后部和尾部则覆盖着黑色羽毛，上面有白色羽纹。尾羽中间有两根极长的白色饰羽，达 60 多厘米，它们坚硬地向后方竖起，宛若戳向身后的长矛。尾有一对长的中央饰羽。蛇鹫宁愿步行也不飞行，一天走 20 ~ 30 千米，只有当它们遇到威胁时才会飞行，一般喜欢飞行在高处。尽管蛇鹫的翅膀灵活有力，但捕猎时它们喜欢采用奔跑的方式，它们是名副其实的地栖猛禽	

蛇鹫

自我介绍

大家好，我的名字叫蛇鹫。由于我酷爱步行，一天可以行走 20 千米以上，所以我还有个很霸气的名字，叫作"行军鹰"。当然啦，若你喜欢叫我"秘书鸟"，我也不会生气。谁让我头顶上生有 20 多根黑色冠羽，酷似欧洲中世纪时期秘书插于耳后的羽毛笔呢。

我是一种爱吃蛇的大型陆栖猛禽。作为蛇的克星，我可以骄傲地宣布，与蛇相比，我有很多身体优势。我身材高大，直立时身高接近 1.5 米，两条腿纤细修长，是猛禽中最长的。凭借着两条"大长腿"，蛇类很难缠住我的身体，也很难咬到我的翅膀。我的脚面至大腿处，长有厚厚的角质鳞片，它们如同最坚硬的"护身铠甲"一样，让我可以毫不畏惧蛇类的毒牙。另外，我的双腿虽然看上去纤细，实则强劲有力，只要我飞起一脚，就可以轻松地踩断蛇的身子。

不过，优势多多的我，在捕蛇时，并不会选择依赖蛮力，而是喜欢智取。

每天太阳初升时，我都会像一名治安员一样在栖息地周围巡逻。在我发现蛇之后，我并不会马上俯身飞下去与它搏斗，而是灵活地与它周旋。

通常情况下，我喜欢分四步完成我的"捕蛇大业"。

第一步，站在蛇附近的地面上，冷静地观察蛇的一举一动。 第二步，迷惑蛇，像跳舞一样，在蛇周围飘忽不定地移动脚步，同时，不断开合、拍打灵活有力的翅膀。第三步，瞅准时机从背后攻击，毫不留情地对已经晕头转向的蛇又蹬又抓又啄。第四步，用利爪按住已经失去反抗能力的蛇，并用尖利的喙咬住蛇的要害将它杀死。偶尔，我也会遇到一些体形较大、不能一举毙命的蛇，但这显然无法难倒机智的我。我会叼起它飞上高空，然后松开嘴把它摔死。

职场经历 ⊌

53

个人简历

目	灵长目
科	猴科
生 活 地	非洲
食 物	各种小动物及植物
性情习性	群居，是猴类中唯一集大群营地栖息的高等猴类；雌性数量较多，但是雄性地位较高；无固定繁殖季节，每胎产1仔；主要在地面活动，也爬到树上睡觉或觅食；善游泳；能发出很大叫声；白天活动，夜间栖于大树枝或岩洞中
寿命年限	约20年
职 业	美发师（会互相替同伴梳理、修饰毛发）
特 点	有5种：阿拉伯狒狒、几内亚狒狒、东非狒狒、草原狒狒和豚尾狒狒。体形较大，在灵长类中仅次于猩猩属杂食性，能够在几乎任何环境中寻找食物，植物包括蔓生植物、嫩枝、树叶，草，树根，树皮，花蕾，果实（榴莲、红毛丹、木菠萝、荔枝、芒果、倒捻子、无花果），地衣，块茎，种子，蘑菇，球茎及根茎。在干燥干旱的地区，如东北部的沙漠，它们会以小型无脊椎动物如昆虫、蚱蜢、蜘蛛和蝎子为食。偶尔也吃鸟类和小型脊椎动物。通常中午饮水

狒狒

自我介绍

　　大家好，我的名字叫狒狒，是猴科家族中的高等成员，也是灵长类中体形仅次于猩猩属的成员。

　　我喜欢集体生活，我的家庭成员有时候可以高达一百多位呢。

　　你完全不用担心，太多的成员，并不会导致我们家庭内部秩序混乱。相

反，我们拥有明显的等级序位、严明的纪律和残酷的惩罚机制。

在我的家庭成员中，雌性数目最多，但地位较高的是雄性，首领也是由雄性担任。并且每隔几年，为了有利于防御天敌，我们还会根据"以新换旧，以强换弱"的严苛法则，进行分家或更换首领，确保我们的首领一定是最会打架的那一位。

除了常规争斗，大部分时间，我的生活安稳平静，与成员相处也十分融洽和睦。我们会化身美发师，热心地为彼此梳理皮毛。

美发师是一份让大家很快乐的工作。有时候，我们的首领也会主动温柔地为我们整理毛发，但有同伴告诉我，首领这样做，是为了表示自己亲切而友好，从而巩固自己的地位。我不知道它们说得对不对。

不过，如果你仔细观察，就会发现在我们这个大家庭中，首领的皮毛一定是最光滑的。因为大家都想要讨好它，都会争先恐后地为它整理毛发。

当首领太好啦，我也想试一试！你们有什么好建议给我吗？

职场经历 ⊘

个人简历

目	鸵鸟目
科	鸵鸟科
生 活 地	非洲草原、非洲低降雨量的干燥地区
食 物	主食草、叶、种子、嫩枝、树根、带茎的花、果实等，也吃蜥、蛇、幼鸟和一些昆虫等，属于杂食性
性情习性	群居，日行性走禽类，适应沙漠荒原生活；常结成 5 ~ 50 只一群生活，常与食草动物相伴；消化能力差，通过吃一些沙粒帮助磨碎食物、促进消化
寿命年限	30 ~ 40 年
职 业	跆拳道高手(有一双特别强壮的腿，甚至能把狮子一脚踹飞)
特 点	是非洲一种体形巨大、不会飞但奔跑得很快的鸟，也是世界上现存体形最大的鸟类。胸骨扁平，没有凸起的龙骨，高可达 2.5 米，全身有黑白色的羽毛，脖子长而无毛，翼短小，腿长。一般时速 60 千米，最快时速 72 千米。非洲鸵鸟的奔跑能力是十分惊人的。它的足趾因适于奔跑而趋向减少，是世界上唯一只有两个脚趾的鸟类，而且外脚趾较小，内脚趾特别发达。它跳跃可腾空 2.5 米，一步可跨越 8 米，冲刺速度在每小时 70 千米以上。同时粗壮的双腿还是非洲鸵鸟的主要防卫武器，甚至可以置狮、豹于死地

自我介绍

大家好，我的名字叫鸵鸟。

我的身高能达到 2.5 米，是世界上现存体形最大的鸟类。不过，我不会飞，巨大的体形让我看起来很有威慑力，也让我失去了飞翔的能力。

但你可别因此就小瞧我，这年头，谁还没点独门绝技呢？我的绝招就是

我的双腿。

　　身为一名"大高个儿"，我的双腿不仅长，而且特别粗壮有力，是我最主要的防卫武器。当我遇到天敌时，我会像一名跆拳道高手一样，用我健壮的双腿狠狠地踢向它们。我可不是在吹牛，有时候，我飞起一脚，甚至可以将凶猛的狮子踹翻在地呢。

　　此外，相比其他有三四个脚趾的鸟类，我仅有两个脚趾，是世界上唯一的二趾鸟类。我的内脚趾异常发达，几乎和蹄子无异，这让我好似穿上了一双最完美的跑鞋，具备了惊人的奔跑能力。在逃避敌人时，我可以一步跨越 8 米，冲刺时速 72 千米，算得上名副其实的奔跑能手了。

　　我还想说一点，总有人喜欢用我来比喻逃避困难的人，这可真是冤枉

职场经历 ⬇

喂，你直接认输好了，把头埋起来有什么用？

嗬！

哎！

哐！

我宣布本轮获胜者是鸵鸟先生！

我都认输了，你还追着我揍，你是不是傻？

哎哟！

我啦！实际上，遇到危险时，我会选择将长长的脖子平贴在地面上，把屁股高高翘起——并没有"掩耳盗铃"的意思——这样做可以使我借助暗褐色的羽毛伪装成石头或灌木丛。同时，这种怪异的姿势，也能帮我暂时迷惑敌人，让我可以趁机将它踢得晕头转向。

个人简历

以色列金蝎

别　　　名		巴勒斯坦毒蝎、以色列杀人蝎
目		蝎目
科		钳蝎科
生 活 地		非洲北部干燥的沙漠区
食　　　物		喜吃小蟋蟀、蜘蛛等中小型昆虫
性情习性		性情极凶残，攻击速度快
寿命年限		5~8 年
职　　　业		制药厂工人（从毒液中提取出来的成分可以用来做治疗脑部肿瘤的药物）
特　　　点		是世界第一毒蝎（但其实限于其毒液的注射量，以色列金蝎致死率很低），以致命的毒性、美丽的颜色和强大的适应性制胜

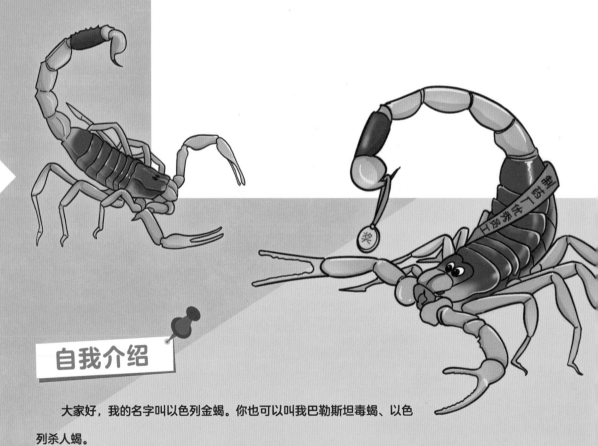

自我介绍

大家好，我的名字叫以色列金蝎。你也可以叫我巴勒斯坦毒蝎、以色列杀人蝎。

我确实是地球上最危险的毒蝎之一。并且，在所有剧毒蝎中，我体内的毒素被公认为最强的一种。

58

不过，恶名昭著的我，也不总是那么坏。

我还有另外一个身份——制药厂工人。我可不是在说谎哦。事实上，我的毒液中含有大量的珍贵成分，可以帮助人类研发一些突破性药物。比方说，从我的毒液中提取的蝎氯毒素作用就很惊人，它既可以用来做治疗脑部肿瘤的药物，也能帮助老鼠抵抗骨骼疾病，还能用来消灭蚊子身上的疟原虫呢。

虽然我的毒液价值很高，但价格也相当昂贵，在这里我还是想啰唆一句：请远离我！

作为世界上最毒的沙漠蝎之一，我的脾气非常暴躁，个性更是又敏

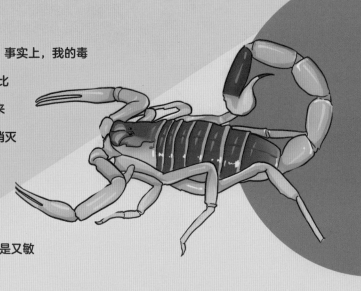

感又神经质。当我外出活动时，任何一点风吹草动，都会让我立即进入战斗状态，毫不犹豫地发动攻击。因此，若你不幸与我碰面，请你一定不要被我美丽的颜色迷惑，而是应该马上远远地避开。

职场经历 ⊙

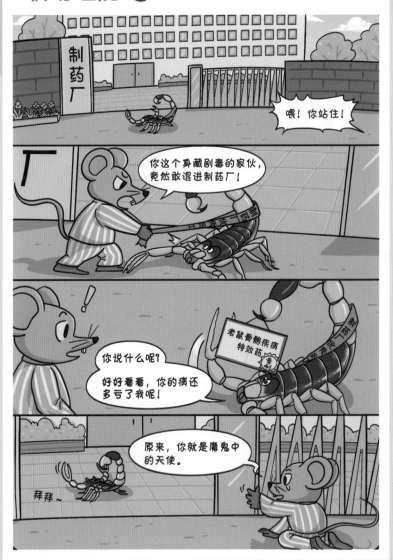

喂！你站住！

你这个身藏剧毒的家伙，竟然敢混进制药厂！

制药厂

老鼠骨骼疾病特效药

你说什么呢？

好好看看，你的病还多亏了我呢！

原来，你就是魔鬼中的天使。

拜拜~

个人简历

旋角羚

目	偶蹄目
科	牛科
属	旋角羚属
生 活 地	冈比亚、阿尔及利亚并向东延伸至撒哈拉大沙漠
食 物	植食性，以草、树叶和其他灌木为食，食物种类比较单一
性情习性	群居性，通常结成 5～20 只的群体，由年长的雄性羚羊率领，为找寻足够的食物而不断进行长距离的迁移。集体觅食，对干旱沙漠有极强的适应能力，一生中极少饮水。身体笨重，奔跑速度较慢。一般在夜晚活动，白天则栖息在自己挖掘的低洼地中
寿命年限	25 年以上
职 业	天气预报员（能隔着很远感知到别处在下雨，然后顺藤摸瓜去找水）
特 点	因角较细，分别向后外侧再向上弯曲，并略呈扁的螺旋形扭曲而得名。体形较大。蹄的底部较宽，强健有力，可以在松软的沙土上行走，这使得它们成为最适应沙漠气候的一种羚羊。以拉大便来圈领地。只有"王者"拉大便的姿势与众不同，而且只有"大王"才有资格以这种特有的方式来拉大便

自我介绍

大家好，这个头上长着两只螺旋形扭曲细角的大块头，就是我——旋角羚。

作为地道的非洲沙漠居民，我喜欢集体生活，总是和家族成员一起行动。

然而，我们这个大家庭并没有固定住所，大家更习惯借着夜色遮掩，在广阔的沙漠中四处游荡，寻找可以填饱肚子的植物。只有白天到来，或者不需要进食时，我们才会停留在灌木丛附近，并在松软的地面上挖掘浅洼地休息。

我是个素食者，各种各样的草、灌木、树枝都在我的食谱中。至于饮水，众所周知，沙漠干旱，饮水困难，但你倒也不必太替我担心，能在沙漠中生存的动物，都是身怀绝技的高手，我也不例外。和骆驼一样，我也具有极强的耐渴能力，可以连续数周不喝水。并且，当四处都找不到直接饮用水时，我还会从别的途径获取足够的水分，比如说一些多汁球根植物等。在漫长的夏季缺水期，我会整个白天都躺在树荫下，通过完全不活动来减少消耗，并将体内的热量传导到地面来降温。

不过，若说起我最神通广大的一点，那一定是我的职业。

我是一名天气预报员。我能够十分敏锐地感知到很远的地方在下雨，并顺藤摸瓜地寻找水源。但由于降雨总是不规律，所以我必须进行长距离迁移。有时候，移动的范围甚至达到数百平方千米。

你可别以为我在说谎哦！我虽然看着笨重，但是四肢较粗，蹄子宽大，所以，我能轻松地在松软的沙土上长途行走。

职场经历 ⊕

个人简历

拟厦鸟

别　　名	南非群居织巢鸟、群织雀、社交鸟	
目	雀形目	
科	织雀科（织布鸟科）	
生 活 地	纳米比亚中北部，南至博茨瓦纳西南部和南非西北部	
食　　物	主食植物种子，繁殖期兼食昆虫	
性情习性	群集生活，常结成数十至数百只的大群；常单独或成对活动，非繁殖期则多成小群在林下灌丛中、树上或地上活动和觅食；性大胆，不怕人，活动时频繁地发出彼此联络的叫声	
寿命年限	5 年	
职　　业	建筑师（会建造巨大而复杂的巢穴）	
特　　点	小型鸣禽，喙形多样，适于多种类型的生活习性。鸣管结构及鸣肌复杂，大多善于鸣啭，叫声多变悦耳，有时边飞边鸣叫，叫声柔和悦耳。	

号称"动物界的基建狂魔"，它们建造的鸟巢，重达 1 吨，可以同时容纳 500 只小鸟。

在繁殖期中，以草茎、草叶、柳树纤维等编织成建筑如树栖的稻草房子，在这里，每一对都有自己的"单元房"。它们编织的大型复合社区巢，在鸟类中非常罕见。这些鸟窝通常可以建造成最壮观的结构

自我介绍

大家好，我的名字叫拟厦鸟。我还有几个很好听的别名，如群居织巢鸟、群织雀和社交鸟。

我是一种小型鸟类，体形与麻雀类似，但我的野心可一点不小，我喜欢建造巨大而复杂的巢穴，是一名专业的建筑师呢！你可不要以为我在讲大话，

实际上，由我设计建造的鸟巢，是一种永久性的大型复合巢穴，重量高达 1 吨，能够同时容纳我的 500 位同伴呢。

难以置信是不是？别急，我还有更精妙的设计要介绍给你。

在这个巨大的巢穴内部，聪明的我，建造了很多错落有致的"单元房"。这样一来，每一位居住在这里的同伴，都可以拥有属于自己的小家。并且，为了躲避天敌，我还为每个小家设计了独立的安全出口，考虑得可谓十分周到。

假如我告诉你，由我建造的巢穴还是冬暖夏凉的"空调房"，你信不信呢？事实上，由于构造巧妙，我建造的巢穴，既可以保温，也可以遮阳隔热，相比外面，永远有更加舒适的温度。比方说冬天，当南非的室外温度达到 −28 摄氏度时，巢穴中心地带依然能够维持在 21 摄氏度；夏天，当南非的室外温度达到 16~33 摄氏度时，巢穴的温度却可以保持在 7~8 摄氏度。

好了，快来夸我这个最伟大的建筑师吧！如果你想和别人一样，称我为"动物界的基建狂魔"，我也欣然接受！

职场经历 ⊕

63

环尾狐猴

个人简历

别 名	节尾狐猴	
目	灵长目	
科	狐猴科	
生 活 地	非洲马达加斯加岛南部和西部的干燥森林和丛林中,生活在疏林裸岩地带	
食 物	树叶、花、果实和昆虫	
性情习性	性情温和,多 5 ~ 20 只成群,栖居于多石少树的干燥地区,各有自己的领域;善跳跃攀爬,是地栖性较强的狐猴;昼行性动物,并且是唯一在白天活动的狐猴	
寿命年限	18 年	
职 业	杂技演员(经常做出种种惊险的动作)	
特 点	因尾具黑白相间圆环而得名;整个颜面看上去宛如狐狸。但身体却更像猴类。	

平时喜欢团聚在一起成群活动,相互用梳子一样的下门齿和钩状的爪来理毛、修饰,或在树上玩耍、觅食,有时也在地上游荡,还经常表现出种种惊险的动作。能在大树横生的枝干上直立行走,因为它的后肢比前肢长,所以直立行走时与人类走路的姿态很相似。在它的掌心和脚底还生有长毛,增加了摩擦力,即使在光滑的岩石上行走或跳跃也不至于滑倒。当从大树之间跳跃时,可以用长度几乎等于身体的蓬松长尾调节身体平衡,一跃竟达 9 米开外,并且总是用后足先抓握树干。因为它的短短的、卷曲的爪子无法抓住树干,总是头朝上,倒退着下树

自我介绍

大家好,我叫环尾狐猴。

我的名字来源很简单,因为我的整个面部看上去类似狐狸,身体却更像猴类,再加上我还有一个独一无二的特征—— 一条黑白圆环相间的长尾巴。

说出来你可能会很吃惊,我爱晒太阳。每天,当太阳升到一定高度时,

我喜欢摊开四肢，正面朝向太阳，让全身都沐浴着温暖的阳光。因此，我习惯白天出门活动，也是唯一在白天活动的狐猴家族成员。并且，与其他爱居住在树上的家族成员相比，我的大部分时间，都会在地面上度过。

作为一种特殊的灵长类动物，我有很多独门绝技，这让我成了一名杂技演员——我经常为大家表演一些高难度的惊险动作。

比方说，我的掌心和脚底都生有长毛，这为我增加了起跳和落地时的摩擦力，让我可以在光滑的岩石上行走、跳跃，丝毫不担心会滑倒；我的后肢比前肢长，超长的尾巴又可以帮助我保持身体平衡，让我即便在树上，也可以直立行走。同时，超强的攀爬、跳跃能力，使我能够在相距 9 米左右的大树间自由来去，并且总能用后脚先抓握树干，姿态极为潇洒。对了，我还有一个经典的下树动作：我总是头部朝上，倒退着下来，因为我的前肢短软无力，没办法抓牢树干。

职场经历 ⊙

个人简历

牙签鸟

别　　名	燕千鸟、鳄鸟	
目	鸻形目	
科	燕鸻科	
生 活 地	撒哈拉以南非洲，从塞内加尔到埃塞俄比亚、扎伊尔、乌干达、刚果、安哥拉下游流域	
食　　物	主食蠕虫、昆虫或其他水生动物，也吃植物	
性情习性	性机敏，善于活动，候鸟。成对或结小群，地面营巢。栖息于水边、沿岸或内陆	
寿命年限	12 年	
职　　业	牙医（成群的牙签鸟喜欢站在鳄鱼身上啄食小虫，还会钻进鳄鱼的大嘴里，啄食鳄鱼牙缝里的食物残渣和寄生虫，好像人们用牙签剔牙一样，使鳄鱼感到非常舒服。这样，鳄鱼得到了一位十分尽职的义务保健员，而牙签鸟则在鳄鱼的牙缝里填饱了肚子）	
特　　点	是一种相当敦实的中型涉禽，大小跟鸽子差不多。体羽主要由黑、白、灰、浅黄 4 种颜色的羽毛组成，远远望去，特别醒目。头部有白色宽带，眼睛有一块面积很大的黑三角，翅膀灰蓝色，多数上体灰蓝色，有黑色胸带，喉、颈、胸、腹和下体的其余部分是白色或橙色。很容易立即识别。 这是一个非常特殊的物种，雌雄交替上窝轮流孵化。如果其中一个伴侣是没有识别弃巢而去，它会用喙将卵埋在沙中。孵卵的成鸟会定期每隔几分钟滋润腹部的羽毛，以调节和控制育雏的温度，避免正午的高温煮熟鸟卵。在夜间会部分覆盖	

自我介绍

大家好，我的名字叫牙签鸟，你也可以叫我燕千鸟或者鳄鸟。

你别看我个头儿跟鸽子差不多，实际上，我超有名气，我的好朋友可是凶残的鳄鱼呢！

什么？你问我怎么和鳄鱼攀上交情的？嘿嘿，实话告诉你，我乃鳄鱼的

专属牙医！

　　事情是这样的，我的朋友鳄鱼有个习惯，它喜欢吃饱后懒洋洋地躺在河滩上晒太阳，而我，会在此时以牙医的身份隆重出场。

　　作为一名十分尽职的牙医，我会毫无畏惧地钻进鳄鱼张开的大嘴中，像人类用牙签剔牙一样，帮它啄食掉藏在牙缝里的食物残渣和寄生虫。有时候，我还会热心地帮鳄鱼把皮肤上的小虫子一并清除干净。我的这些卫生服务，不仅让鳄鱼感到十分舒服，也让我自己填饱了肚子，可谓一举多得呢！

　　当然啦，在我帮鳄鱼剔牙的过程中，也会有险情发生。比如说，处于打盹儿状态的鳄鱼经常会不自觉地将嘴巴闭上。这太危险啦，幸好我有脱身妙计：我会用尖硬的喙轻轻地碰触

鳄鱼松软的口腔。如此一来，接收到信号的鳄鱼，就会张大嘴让我继续工作或飞离。

　　在我帮助鳄鱼剔牙时，我会格外留意周围的动静，一旦发现敌情，就会连声惊叫向鳄鱼示警，让鳄鱼能及时逃生。

　　现在，你知道我为什么能和鳄鱼成为朋友了吧？

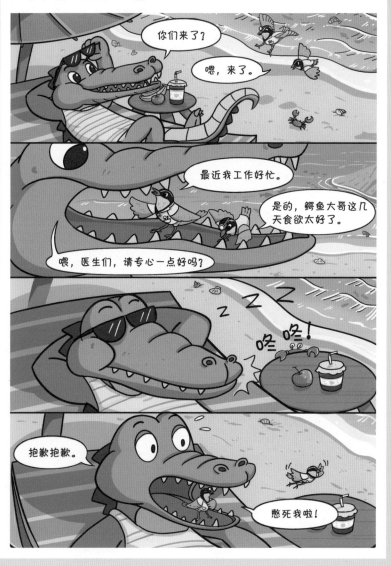

职场经历 ⊙

你们来了？

嗯，来了。

最近我工作好忙。

是的，鳄鱼大哥这几天食欲太好了。

喂，医生们，请专心一点好吗？

ZZZ

咚 咚！

抱歉抱歉。

憋死我啦！

小朋友们，前面我们已经认识了许多居住在非洲大陆上的动物，它们有的可爱，有的凶残。通过它们动人的自我介绍，我们走进了它们的小小世界，也为它们各自所从事的职业大感惊叹。

现在，让我们继续出发，去往世界上面积第三大的大洲——北美洲去看一看。在这片气

候十分复杂多样的土地
上，又生活着哪些动物
居民？它们各自又有哪
些神奇的本领，从事何
种职业？

北美洲

我的动物工友
"爆笑动物职业图鉴

白头海雕

加拿大猞猁

浣熊

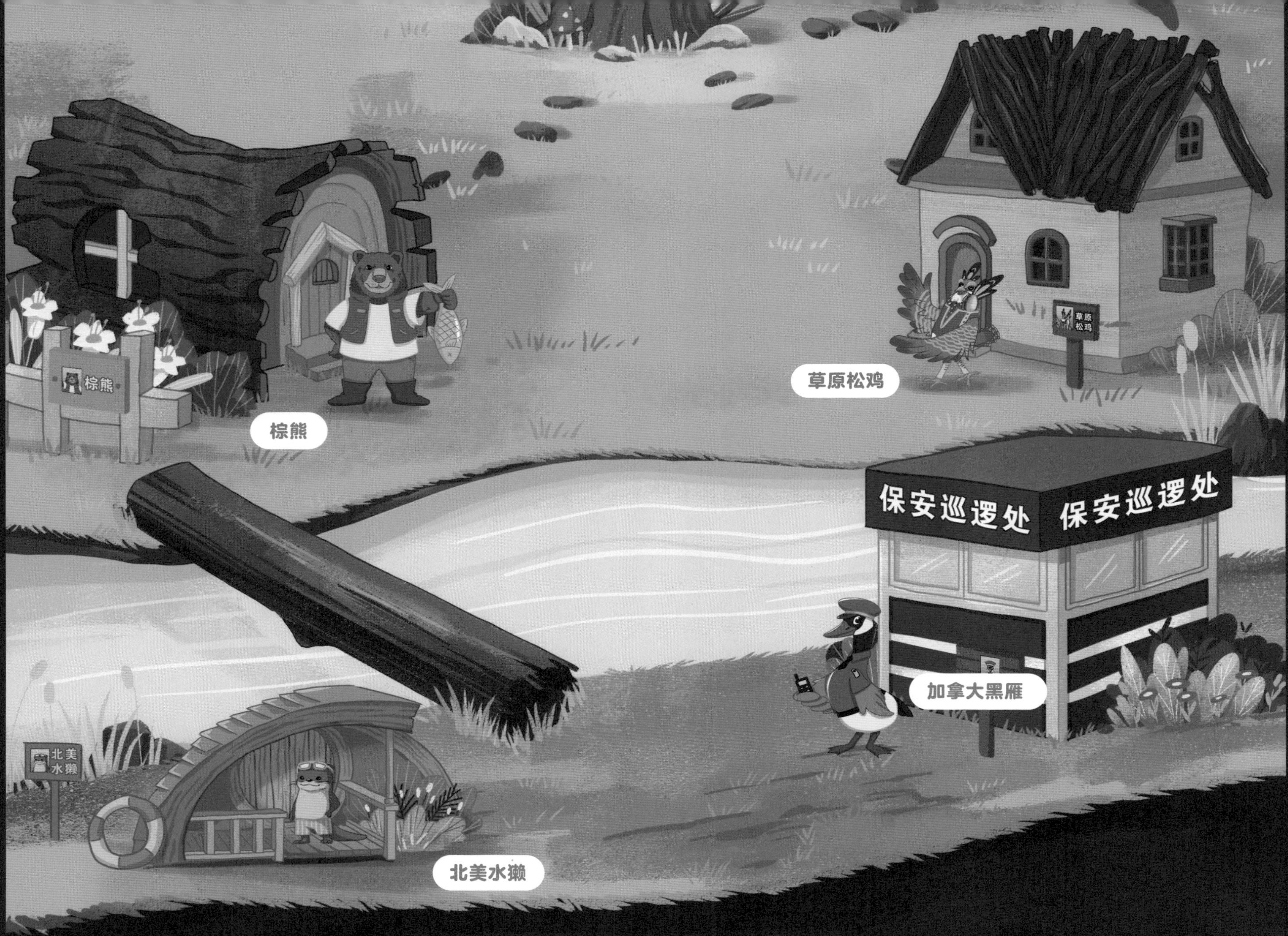

个人简历

白头海雕

别　　名	白头鹰、秃头雕、美洲雕
目	鹰形目
科	鹰科
生　活　地	北美洲，主要栖息在海岸、湖沼和河流附近
食　　物	以大马哈鱼、鳟鱼等大型鱼类和野鸭、海鸥等水鸟，以及生活在水边的小型哺乳动物等为食
性情习性	性情凶猛；并不常迁徙，如果领地接近水源时，整年会待在那里，但是如果领地不接近水源，就会在踏入冬季时往南迁，或是往海岸的另一边迁徙，在冬季期间仍可方便地觅食
寿命年限	15～20 年
职　　业	建筑工人（用树枝搭建巨大的鸟巢）
特　　点	大型猛禽，飞行的能手，它们在滑翔和鼓翼时的飞行时速为56~70千米，若飞行时抓着鱼，其飞行时速为48千米。

视觉是白头海雕最重要的一种感觉

自我介绍

大家好，我的名字叫白头海雕。

我还有其他俗名，如白头鹰、美洲雕、秃头雕。唉，虽然我不太喜欢"秃"这个字，但随便你怎么叫吧，谁让我的头部至颈部全长着白色的羽毛，远远地望去，闪闪发光，让人误以为我的脑袋光秃秃的呢。

我是一种大型猛禽，成年之后，体长可达 1 米。大马哈鱼、鳟鱼、野鸭、海鸥，以及生活在水边的小型哺乳动物，都是我食谱中的一分子。

尽管我是一位飞行小能手，滑翔和鼓翼时的时速轻松就可以达到 56~70 千米，但我并不爱长途迁徙。我喜欢住在海岸、湖沼和河流附近，在找到靠近水源的领地以后，我会整年都待在那里。只有在领地不接近水源时，我才会为了方便觅食，在冬季来临前，向南或者向海岸的另一边迁徙。

我的繁殖期在每年的春季和夏季。在养育宝宝之前，我会在河流、湖泊或海洋沿岸筑巢。我喜欢将巢建在大树的顶梢上，或者悬崖峭壁上。我会选择树枝作为筑巢的材料，同时会铺一些鸟羽和兽毛在里面。

职场经历 ⬇

我们为什么要建这么大的房子呢？

因为我们是建筑工人。

我的意思是说，我们将房子建这么大的意义是什么？

为了当最优秀的建筑工人。

和其他鹰类一样，我也是个对旧巢念念不忘的家伙，并且在繁殖期间，我还会化身为勤劳的建筑工人，不断地用树枝修补旧巢。这样一来，年复一年，我的巢也就变得越来越大。你知道吗？在所有鸟类建造的巢穴中，我建造的巢穴是最大的。我的巢穴重量可达 2000 千克，是妥妥的巨型工程呢。

个人简历

北美水獭

别　　名	加拿大水獭、北方水獭
目	食肉目
科	鼬科
生活地	加拿大，美国西北、亚特兰大等地，以及墨西哥湾；湖泊、河流、湿地、沼泽，甚至开放的大洋中
食　　物	主要吃鱼，也吃昆虫、蛙类、甲壳类，有时也吃小型哺乳动物
性情习性	在陆地上筑巢，在水生的环境中觅食；是高度活跃的动物，除了睡觉外，其他时间一直保持活动状态；一般在夜间、黎明、黄昏时比较活跃；经常抢夺河狸、麝鼠等动物的巢穴，并将其杀死
寿命年限	10～15 年
职　　业	游泳运动员（眼睛上天生覆盖着一层保护膜，不用戴潜水镜也能在水下看清东西）
特　　点	北美水獭是游泳好手，但也能在陆地上行走很长时间，并且经常用腹部在雪地或冰面上快速滑行。北美水獭的鼻腔在水下可以自动关闭，毛发软而密，可以防止受冻，这些特征都使北美水獭适应于水下的生活

自我介绍

　　大家好，我的名字叫北美水獭，你也可以叫我加拿大水獭，或者北方水獭。

　　我是一种高度活跃的动物，除了睡觉外，其余时间都在四处活动。因此，人们总能在湖泊、河流、湿地、沼泽，甚至开放的大洋中，发

现我的身影。

　　不过，我喜欢在陆地上筑巢，也能在陆地上行走很长时间。有时候，我还会利用腹部在雪地或冰面上快速地滑行，但遇到危险时，我喜欢潜入水中躲避。我主要的食物也是从水中获取的。

　　我拥有流线型的身材，这让我非常擅长游泳和潜水。话说，我可以在水下停留 5 ～ 15 分钟哦！

　　作为一名专业的游泳运动员，我有很多天然优势。我的眼睛上天生覆盖着一层保护膜，也能在水下看清东西；我的耳朵和鼻子，在水中会自动封闭起来；我的皮毛又软又密，防水性极好，也十分扛冻。

　　不过，对于其他小动物来说，我并不好相处。

为什么这么说呢？

　　我比较霸道，经常会抢夺河狸、麝鼠的巢穴，让它们无家可归。

　　唉，但这就是我，有什么办法呢？

个人简历

铲鲟

别 名	浅色鲟鱼
目	鲟形目
科	鲟科
生 活 地	美国密苏里河和密西西比河流域
食 物	吃底栖生物，尤其是小型的鱼和虾，以及水生昆虫幼体
性情习性	完全的淡水生物，喜欢在宽广的河道当中生活，由于这样的河流底部较为宽阔，即使水质很混浊，泥沙遍布，也有极为丰富的生物资源，方便它们捕猎
寿命年限	40 年以上
职 业	搜查员（嘴前长着敏感而灵活的触须，用来寻找藏在河床里的食物）
特 点	背部多为褐色或灰色，腹部则是鲜明的白色，它们的嘴很长，并且像铲子一般。

与普通的鲟鱼一样，它们嘴的两边分别长有两根吻须。外侧吻须的长度是内侧吻须的两倍还多。它们的嘴呈铲子状，两片唇瓣与竹片的形状相似，并且前端尖尖的，使它们在与天敌斗争或者捕猎过程中有更大的优势。密苏里铲鲟的下唇有很明显的特点，那就是分为两半，中间分开，极具辨识度。这是一种独具特色的鲟鱼，在我国也有独特的鲟鱼，那就是中华鲟

自我介绍

大家好，我的名字叫铲鲟，你也可以叫我浅色鲟鱼。
作为一种完全的淡水生物，我喜欢在宽广的河道中生活。
你想知道为什么吗？

其实，这种河流具有宽阔的底部，即使水质混浊，遍布泥沙，河床中也会存在大量的底栖生物，例如小型的鱼、虾，以及大型昆虫等。这样丰富的食物来源，为我的捕食提供了极大的便利。

和其他鱼类一样，我也有一个流线型的身材。要说唯一特别的部位，就是我的嘴巴。我的嘴巴又大又长，形状像铲子一般，两边还长着像胡子一样的触须。这些触须，可是我的好帮手呢！当我捕猎时，我会像搜查员一样，利用敏感而灵活的触须来寻找躲藏在河床里的猎物。

另外，我的寿命很长，可以达到 40 年之久。

据人类生物学家推测，早在恐龙时代，地球上就已经有了我的身影，并且我的一部分祖先，那时候还是海洋居民呢。

职场经历 ⊕

个人简历

棕熊

别　　名	灰熊、布伦熊
目	食肉目
科	熊科
生 活 地	北美洲大陆的大部分地区
颜　　色	金色、棕色、黑色、棕黑
食　　物	食性较杂，如浆果、水果、草叶、昆虫、鱼、啮齿类和有蹄类等动物

性情习性　适应力比较强、性情孤独，除了繁殖期和抚幼期外，冬眠多在白天活动，行走缓慢，没有固定的栖息场所。冬眠时，体温、心跳、排泄系统和呼吸的频率都会降低和减缓，以减少热量及钙质的流失，防止失温及骨质疏松。冬眠期间产仔，每胎产 1～4 仔

寿命年限　20～30 年

天　　敌　人类

职　　业　渔夫（会变着花样捕鱼，伸手去抓，原地等，潜水捕捞样样精通）

特　　点　是陆地上食肉目体形最大的哺乳动物之一。体形健硕，肩背和后颈部肌肉隆起。肩背上隆起的肌肉使它们的前臂十分有力，前爪的爪尖最长能到 15 厘米。由于爪尖不能像猫科动物那样收回到爪鞘里，这些爪尖相对比较粗钝。前臂在挥击的时候力量强大，"粗钝"的爪子可以造成极大破坏。棕熊的爪子虽长，却并不擅长爬树

自我介绍

大家好，我的名字叫棕熊，也有人习惯叫我灰熊，或者布伦熊。

作为陆地上食肉目体形最大的哺乳动物之一，我有非常健硕的身躯。说出来可能吓你一跳，我的体重可以达到135 ~ 545千克，是成年人类的2~9倍。我的肩背肌肉发达，前臂异常有力，当我用手掌全力一击时，很轻松就可以将牛背拍断。我的前爪爪尖也十分了不得，可以长到15厘米，是我不可或缺的武器。

我是一名游泳高手，也是一名优秀的渔夫，我可以在湍急的河水中变着花样捕鱼。当我捕鱼时，我会站在水中，直接用长长的爪子去抓鱼，也会潜入水中，四处搜寻捕捞鱼儿，甚至，我还会在河边蹲守好几个小时，等着我最爱吃的鲑鱼主动地跳进我的嘴里。

我可没有在说大话哦。

事情是这样的，每年夏秋之际，大量洄游的鲑鱼都会选择逆流而上，从海洋回到淡水河上游来产卵。它们迁徙时，习惯拼尽全力，像鲤鱼跃龙门一样向上跳跃。可是，它们无论如何也想不到，精明而又狡猾的我，早已掌握了它们的习性，正站在河道里，张大嘴巴等着它们自投罗网呢。

当然啦，除了自己动手捕捞外，有时候，我也会悄悄地吃掉同伴们的战利品。我知道这不是一个好习惯，大家可不要向我学习哦！

职场经历 ⊙

81

个人简历

别　　名	棕色野兔、欧洲棕色野兔
目	兔形目
科	兔科
生 活 地	温带的开放性农业草原
食　　物	植食动物，夏季吃草、草药和大田作物。冬季，以树枝、花蕾、灌木树皮和果树的树皮为食；通常还会摄入绿色的软粪粒
性情习性	孤僻胆小；在黄昏和夜间活跃，大多在晚上觅食
寿命年限	8 年
颜　　色	灰色、褐色
职　　业	拳击手（好斗的拳击手，会举起爪子格斗）
特　　点	体形比一般的兔子要大很多，是世界上奔跑速度最快的兔子。体长为 50~70 厘米，尾长为 7~11 厘米，重量可以达到 2.5 千克以上，最大可以达到 6.5 千克。毛发颜色是棕褐色，肚子那块颜色是白色，尾巴颜色是黑色。它们的耳朵很长，有一双大大的眼睛，眼睛瞳孔颜色是黑色，周边有一圈黑色的光圈。 拥有极好的视觉、嗅觉和听觉，是世界上跑得最快的兔子，直线可高达 72 千米 / 小时，每分钟能跑 1200 米。跳跃起来也能达到 3 米，也会潜入水中游泳

欧洲野兔

自我介绍

大家好，我的名字叫欧洲野兔，你也可以叫我棕色野兔，或是欧洲棕色野兔。我与你们常见的兔子不太一样，体形比它们大得多，外形也和它们差别很大。你瞧，我的皮毛是棕褐色的，四肢又粗又强壮，两只耳朵很长很长，大大的眼睛周围还有一圈金色的光圈，看起来真是机灵极了。

我是大草原居民，在这里，像我这样的小动物，生活得很不容易，大家随时随地都可能被天敌盯上。万幸的是，我的视觉、嗅觉、听觉都极好，反应能力也很强，才能成功地躲过一劫又一劫。

你知道吗？我是世界上奔跑速度最快的兔子，当我拼尽全力奔跑时，直线速度每小时为 72 千米，也就是说，我 1 分钟就可以跑 1200 米。同时，我的跳跃高度可以达到惊人的 3 米呢。对了，有时候为了躲避天敌，我还会潜入水中游泳，神奇吧？

另外，你别看我的性格孤僻胆小，实际上，每年 3 月到 4 月，也就是我的交配季节，我会变身为好斗的拳击手。为了交配，我会与异性同伴进行格斗。

我在格斗时，习惯将后腿高高地耸立，利用两只有力的前爪与对方搏斗。我们的比拼非常

职场经历 ⊙

激烈，即便最后彼此都失去一大堆毛，也在所不惜。话说，欧洲人对此大感震惊，他们常常会用"三月的野兔"来形容疯狂得完全无法预测的人。

个人简历

加拿大黑雁

别　　名	加拿大雁、黑额黑雁
目	雁形目
科	鸭科
生 活 地	北美洲大部分地区
食　　物	主要以青草和水生植物为食，冬季有时还吃麦苗等农作物的幼苗

性情习性　喜集群，常成群活动和栖息；典型的冷水性海洋鸟，耐严寒，喜栖于海湾、海港及河口等地；飞行时有时呈斜线飞行，有时呈"V"字形，很不规则

寿命年限　24 年

职　　业　保安、领航员（和亲朋好友编队飞行，能连续领航 20 多个小时，飞行距离长达 2000 多千米）

特　　点　嗓门高、性格暴躁、攻击性强，舌头上长有一排刺，一些小动物从来不敢惹加拿大黑雁，都会躲得远远的，生怕自己遭殃。即使是一些猛兽，加拿大黑雁也不放在眼里。敢与大象打架，吓得猴子跪地求饶。甚至连人都不放在眼里，也敢"挑衅"，在人类的地盘上横冲直撞，好像这是它的家园，是人入侵了它的领地

外　　形　头和脖子很长，背部有不同深浅的棕灰色羽毛，腹部和臀部通常呈乳白色或白色。头、颈黑色，咽喉延至喉间有明显的白色横斑。尾短，黑色，尾上覆羽白色。下腹部和尾下覆羽白色。是世界上最大的雁形目的物种。

这家伙一个最显著的特征就是，嘴巴里都是带刺的，甚至连舌头上都长有一排小刺

自我介绍

大家好，我的名字叫加拿大黑雁，也有人喜欢叫我加拿大雁和黑额黑雁。

我听说，好多人见我长着一个长长的脖子，走路姿势又是一摇一摆的，就误以为我是个优雅而可爱的家伙。唉，这可真是大错特错啦！

实际上，我的嗓门很大，脾气也相当暴躁，是公认的攻击型选手。

这么跟你说吧，我的职业是一名保安，为了看护领地，我表现得

超级凶猛霸道。比方说，在我生活的区域，一些动物邻居即便丝毫没有招惹到我，只要我看它不顺眼，就会挥动着翅膀，冲过去对它发起攻击。而且，我的挑衅可不仅仅针对那些个头儿较小的邻居，一些个头儿比我大得多的动物，比方说猴子、大象，甚至是人类，我照样不放在眼里。

当然啦，我敢这么嚣张，自身一定是极有实力的。

你知道吗？我的嘴巴里长满了尖刺，甚至，我的舌头上也生有一排小刺。也就是说，一旦我用喙部去啄谁，谁就会倒大霉，通常会被我啄得遍体鳞伤。

另外，我还很擅长游泳和潜水，最值得一提的是我的飞行能力。当我和亲朋好友编队飞行时，我能连续飞行20多个小时，飞行距离长达2000多千米。虽然大多时候，我习惯直线飞行，但也常常爱在海面上空盘旋或者来回飞翔。在我起飞时，我会不停地鸣叫，表达自己的兴奋心情。

职场经历 ⬇

个人简历

加拿大猞猁

别 名	北美猞猁	
目	食肉目	
科	猫科	
生 活 地	北美北部（加拿大和美国北部的针叶林和高山）	
食 物	以鼠类、野兔等为食，也捕食小野猪和小鹿等	
性情习性	独居动物，行踪十分隐秘，通常在夜晚活动，活动区域很大；是无固定窝巢的夜间猎手；喜寒，栖息环境极富多样性，从亚寒带针叶林、寒温带针阔混交林至高寒草甸、高寒草原、高寒灌丛草原、高寒荒漠与半荒漠等各种环境均有其足迹；擅长攀爬及游泳，耐饥性强。可在一处静卧几日，不畏严寒，晨昏活动频繁	

寿命年限 12～15 年

天 敌 虎、豹、熊

职 业 越野滑雪运动员（宽大的脚掌覆盖着绒毛，前端分成几个小瓣，能在厚厚的积雪上迅速奔跑）

外 形 体形较小，体粗壮，尾极短，通常不及头体长的 1/4。四肢粗长而矫健。耳尖生有黑色耸立簇毛。两颊有下垂的长毛。毛深且色淡，以灰色和红棕色为主，偶有灰蓝色变种，斑点较浅。尾端呈黑色。外表很接近欧亚猞猁

特 点 为了适应雪地生活，加拿大猞猁除了长腿，还生有大大的脚掌，宽大的脚掌上覆盖着绒毛，如同雪地鞋，不但能支撑它的重量，还有助于它在雪地上行走。听、视觉发达，性情狡猾而又谨慎，遇到危险时会迅速逃到树上躲蔽起来，有时还会躺倒在地，假装死去，从而躲过敌人的攻击和伤害

自我介绍

　　大家好，我的名字叫加拿大猞猁，你也可以叫我北美猞猁。

　　我的体形比较小，个性十分独立。我喜欢单独行动，是一名没有固定住所的夜间猎手，但你不用太替我担心，实际上，我既狡猾又谨慎，遇到危险时，我会立即上树躲避，实在逃不掉，还会躺在地上装死。话说，我的演技相当精湛，好多时候，我都是利用这一招，成功地躲过了敌人的攻击和伤害呢。

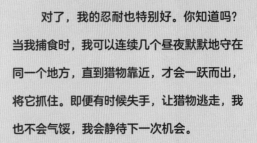

职场经历 ⓭

　　对了，我的忍耐也特别好。你知道吗？当我捕食时，我可以连续几个昼夜默默地守在同一个地方，直到猎物靠近，才会一跃而出，将它抓住。即便有时候失手，让猎物逃走，我也不会气馁，我会静待下一次机会。

　　我是个活动区域很广泛的家伙，从亚寒带针叶林到高寒荒漠，都有我的足迹。相信你也发现了，这全是一些寒冷地带。然而，恶劣的居住环境也没办法难倒我。我的四肢又粗又长，脚掌大大的，前端分成几个小瓣，上面还覆盖着很多绒毛。有了这双暖和的"雪地靴"，我成了一名越野滑雪运动员，可以不怕寒冷，在厚厚的积雪上行走、奔跑。

个人简历

浣熊

别　　名		食物小偷、皮皮熊
目		食肉目
科		浣熊科
生 活 地		北美
食　　物		杂食性，能食用捕获的大部分猎物；会吃浆果、坚果、鸟卵、爬行动物的卵、昆虫、乌龟、青蛙、小型哺乳动物，还会吃鱼类和蛤蜊
性情习性		喜欢生活在潮湿的林地，以及农田、郊区、城市地区；可以生活在从温暖的热带地区到寒冷的草原的多种栖息地中；夜间活动，白天很少活动；是一种孤独的动物，只有雌性和幼熊才会组成群体；它只有一种视锥细胞，为单色视觉，这意味着只能看到黑色和白色
寿命年限		5～16年
职　　业		餐厅洗菜工（吃东西的时候要将食物洗一遍，哪怕没有水也要把食物用手抹几下才吃，那么严重的洁癖，在我们人类看来就是病。其实它们这样，主要是为了爪子的触感。因为浣熊的爪子手掌没有一点毛发，手掌上跟我们人一样布满了许多神经和血管。而洗手可以刺激它们手掌的神经部位，从而帮助浣熊加强对食物的感知）

特　　点		中等体形食肉目动物，成年体长 40～65 厘米。毛致密，全身毛色为灰棕色混杂，还可见到白化品种。面部有黑色眼斑，形象滑稽，绰号"蒙面大盗"；尾部有多条黑白相间的环纹，有 5～7 个环。爪子不能收缩，不锋利。手的灵活性极好，能抓住飞行的虫子

自我介绍

大家好，我的名字叫浣熊。你也可以叫我皮皮熊或者"食物小偷"！但老实说，相比"食物小偷"这个称呼，我更喜欢你叫我"蒙面大盗"。这个绰号来源于我脸上两块黑色的眼斑。

你别看我的长相有些滑稽，但我其实十分勤劳能干，是一名合格的洗菜工。我会在进食前，将所有要吃的东西都在水中清洗一番，哪怕它是一条鱼，而且刚刚从水中捞起来。另外，我吃东西时，喜欢边洗边吃，吃一块洗一块。有时候，附近没有水，我也至少要

职场经历 ⊙

用手将食物抹几下再吃。

哦，对了，除了喜欢做洗菜工，我还是一个有重度洁癖的家伙。我会在吃东西的过程中，时不时地洗一洗手。你可能会很疑惑，想知道我为什么喜欢这样做，难道真的是因为注重个人卫生吗？

说实话，我这样做其实是为了将食物"看"清楚。你瞧，我的手掌十分特殊，上面没有一根毛，反而布满了许多神经和血管，也就是说，我的手掌非常敏感，而洗手这个动作，实际上是在刺激我的手掌神经，从而帮助我加强对食物的感知。

怎么样，看在我这么勤劳聪慧的份儿上，如果你知道哪个餐厅正在招聘洗菜工，请一定通知我好吗？先在这里用灵活的双手谢过啦！

个人简历

草原负鼠

目	负鼠目
科	负鼠科
生活地	北美洲南部
食物	昆虫、蜗牛等小型无脊椎动物，也吃一些植物性食物
性情习性	性情温顺，常常夜间外出；平时喜欢生活在树上；行动十分小心，常常先用后脚钩住树枝，站稳之后再考虑下一步动作
寿命年限	2~3 年
职业	即兴演员（负鼠在躲避天敌时会使用"装死"的绝招，十分灵验，可以迷惑吓退天敌）
特点	是一种比较原始的有袋类动物，主要产自拉丁美洲。负鼠是一种原始、低等的哺乳动物。负鼠小的有老鼠那么大，最大的要比猫大得多。别看它们个头差异很大，却拥有许多共性：长的口鼻部，像老鼠一样的小尖嘴；小耳朵没毛，薄得有些透明；像软鞭一样能缠握树枝的长尾巴；每只脚上有 5 个指头，每只后脚上的大拇指能折起来，贴近脚底；50 颗功能齐全的牙齿，荤素通吃

自我介绍

大家好，我的名字叫草原负鼠，一种比较原始的有袋类动物。

我平时喜欢在树上生活，长长的尾巴，可以像软鞭一样，帮助我紧紧地缠着树枝。

我的性情很温顺，天敌却很多很多。当我遇到危险又无法逃脱之时，我

会化身为即兴演员，躺倒在地"装死"。

你可别以为我说的"装死"，就是躺在地上一动不动那么简单哦。事实上，我的花招很多，演技也相当精湛。

我的第一招：作假死状。简单来说，就是我会立即躺倒在地，然后双眼紧闭，嘴巴大张，吐出舌头，再将肚皮高高鼓起，停止呼吸和心跳，同时，身体不停地剧烈抖动。这种表情十分痛苦的假死状，非常灵验，可以迷惑敌人，并成功将它们吓退，而我则会趁机逃之天天。

我还有第二绝招：我的肛门旁侧有一个臭腺，需要时，我会从里面排出一种恶臭的黄色液体，让敌人误以为我已经死掉，甚至早已腐烂了。由于捕食者更喜欢吃新鲜的食物，它们会选择离开。我会在它们离开后，恢复到正常状态，然后迅速地爬起来逃走。

我的即兴表演，之所以能达到以假乱真的地步，是因为在遇到危险时，我的体内会迅速地分泌出一种麻痹物质。这种物质会让我立即失去知觉，像死掉一样躺倒在地。不过，在我"装死"时，我的大脑并不会停止活动，反而会高速运转。

对了，为了迷惑、吓退敌人，我还成了"刹车手"。我可以在疾奔中快速刹车，并突然立定不动，而那些想要捕捉我的家伙，会因此吓一大跳，也跟着紧急"刹车"。然后，在它们愣住、搞不清楚状况的时候，我会趁机一跃而起，迅速地逃走。

职场经历 ⊙

作为一名即兴演员，你最满意的表演是哪一次？

一晃

快来人啊，快叫救护车！

嘿嘿，我最满意这一次。

个人简历

穴鸮

别　　名	巴西穴小鸮、巴西穴鸮、穴小鸮巴西亚种、格兰亚穴鸮
目	鸮形目
科	鸱鸮科
生 活 地	北美洲开阔的草地和农耕平原上（巴西中部和东部）
食　　物	大型节肢动物，主要是甲虫和草蜢；小型哺乳动物，尤其是小鼠、大鼠、地鼠，地面松鼠。其他猎物包括爬行动物和两栖动物，如蝎子、小棉尾兔、蝙蝠和鸟类，如麻雀、角云雀。和其他猫头鹰不同，它们也吃果实和种子，特别是仙人球或仙人掌果
性情习性	通常是一夫一妻制，但偶尔有2雄1雌。栖息于热带稀树草原、沙漠地区、草场、园林，非常接近人类居住的各种设施，机场和高尔夫球场。从海平面到海拔4500米的高度都有踪影。往往在白天活跃，令人惊讶的大胆，人易接近。主要活跃在黄昏和黎明，但在整个24小时内都可以猎食，尤其是当它们要哺育雏鸟时
寿命年限	20年
职　　业	矿工（善于挖洞和地道，住在隐蔽的地下洞穴里）
特　　点	是一种小型在地面洞穴生活的猫头鹰，有圆圆的头和耳朵，身体纤瘦，腿颇长，成年穴鸮体长28厘米，脸颊白色，体呈褐色，具小白色斑点，白眉毛，黄色的眼睛，沙色的头部，背部、翅膀、上体、胸部和腹部有白色或奶油色条纹。亚成鸟的头部和背部褐色，腹部、胸部和翅膀为白色。在其第一个夏天会蜕成成鸟般的羽毛。雌鸟通常比雄鸟更暗

自我介绍

大家好，我的名字叫穴鸮。

我是一种小型猫头鹰，你也可以叫我穴小鸮。

我是大草原居民，身材小巧纤瘦，腿又细又长。我长得蠢萌可爱，头和耳朵圆圆的，白色的眉毛十分粗壮，眼睛是美丽的黄色，全身还布满了奶白色的小斑点。

与其他家族成员相比，我比较另类。我不爱在树上安家，反而喜欢住在隐蔽的地下洞穴里。

不过，我不太喜欢自己动手建造巢穴。我的小窝，要么是其他动物遗弃的洞穴，要么是人类放在地下的人造巢箱，只有当这些都找不到时，我才会主动地挖掘洞穴。

你可别惊讶，挖掘洞穴对我来说，还真不是什么难事。事实上，我是一名专业矿工，在挖掘洞穴和地道方面有丰富的经验。

对了，在我挖好地洞以后，我还会做一件十分奇怪的事情：收集许多臭烘烘的动物粪便，装饰自己的小窝。这些粪便是为了引诱甲虫前来自投罗网。

话说，当我的洞穴门口堆满牛粪时，我可以吃到比平时多10倍的甲虫。现在，你明白我为什么长时间都守在自己的洞穴入口了吧？嘘，我正在"守株待兔"呢！

职场经历 ⊙

爸爸，隔壁地鼠家买了电视机，动画片可好看了。

好，爸爸马上让你也能看上动画片。

太好啦！我们也要买电视机吗？

？

这就是老师说的占便宜的行为吗？不可取！

爸爸我不要看电视了。

惭愧

个人简历

草原松鸡

别　　名	大草原鸡
目	鸡形目
科	松鸡科
生 活 地	美国和加拿大；栖息于建群树种为落叶松、云杉、红松和冷杉的针叶林带，一般海拔高度为 1500 ～ 2200 米，具有大小不等的林间空地
食　　物	玉米、大豆和米等农作物，也吃嫩叶、种子和昆虫
性情习性	早晨和黄昏常在较大的林间空地、林缘及阳坡草丛或灌丛中活动，其他时间则在林内的倒木旁、灌丛或草丛中的空地上活动，晚上主要栖宿在落叶松树上，冬季常在地面的雪穴中过夜
寿命年限	5 年
职　　业	舞蹈家（华丽的求偶舞，既有别致的舞步，又有扇动的尾巴，还有嗡嗡的歌声）
特　　点	雄鸟头顶耸立的针状羽毛形成的两个尖顶羽冠。颈部和眼睛上方有黄橙色的膨胀的大气囊。雌鸟的上体是锈褐色，夹杂着黑色及皮黄色的横斑，下体较淡。两性脖子下都有突出的羽毛，但雄鸟的较长。 性别也可以用尾巴来区分，雄鸟的尾巴短呈方形为黑褐色，雌鸟棕色和棕褐色。该物种的其他特征包括明显的黑眼纹，喉咙部的羽毛浅，腿和脚趾均有羽毛覆盖。在交配季节，雄鸟会发出离 800 米远都能听到的鸣叫声，胸部的气囊也会放大。虹膜褐色，嘴角黄色或白色，跗蹠被羽到趾

自我介绍

大家好，我的名字叫草原松鸡，也有人喜欢叫我大草原鸡。

在松鸡家族中，我的长相，可谓极具辨识度。你瞧，我的头顶上，耸立着两个羽冠，乍一看，好似一只长耳朵兔子；双颊挂着两个颜色艳丽的大气囊，又醒目又神气。

我的个头不大，胆子也特别小，平常总喜欢躲藏在深草丛中，但一到繁殖季节，我就变得高调起来了。我会在清晨和黄昏时分，与许多同伴一起变身为优雅的舞蹈家，围绕着雌性成员翩翩起舞。毫不夸张地说，我的求偶舞，不仅舞姿优美，舞步也相当别致。"舞会"一开始，我会像跳踢踏舞一样，在地上快速地踏步，接着，我会上下扇动尾羽，并伸直脖子，头向前倾，活像一架俯冲的小飞机。

对了，在我跳舞时，我还会鼓起头部两侧的橙黄色气囊，发出一种奇怪而洪亮的鸣叫声。你大概猜到我为什么会鸣叫了吧？是的，我确实是在用歌声向雌性们表白："亲爱的，看我看我！"

职场经历 ⬇

我们这种求偶"舞会"，每次会持续数小时，雌性们会在我和同伴之间来回地转悠，仔细地观察我们的一举一动，然后，挑选适合自己的伴侣。话说，它们很有主见，有的喜欢气囊鼓得大的雄性，有的则偏爱舞姿最美的雄性。

亚欧大陆

小朋友们，前面我们一起认识了很多居住在海洋和陆地上的小动物，也见识到了它们各自神奇的本事和它们所从事的"职业"。现在，让我们一起将目光投向美丽的欧亚大陆，来看一看居住在这片土地上的小动物们，都从

事什么"职业"，又是如何在自己的岗位上大显神通的吧！

亚欧大陆

啄木鸟

亚洲胡狼

鼯鼠

我的动物工友
爆笑动物职业图鉴

个人简历

须野猪

目	偶蹄目
科	猪亚科
生 活 地	马来半岛、苏门答腊岛和加里曼丹岛的热带雨林，以及一些较小的岛屿，栖息于热带雨林和海边红树林附近
食 物	以水果、根茎、树叶和蚯蚓等小虫为食，尤其偏爱卷毛丹，有时也吃腐肉，退潮时会走出树林来到海边捡食沙滩上留下的死鱼
性情习性	群居，昼伏夜出，行踪诡秘
寿命年限	16 年
职 业	侦察员（喜欢在丛林里跑来跑去，寻找猴子的踪迹，吃它们掉下来的水果）
特 点	体毛棕灰色，颊部有显著的面疣（皮肤表面瘤状突起），最主要的特征是脸上有白色的"大胡子"，由此得名

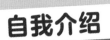

自我介绍

大家好，我叫须野猪，因为脸上有白色的"大胡子"而得名。

昼伏夜出、行踪诡秘的我，长得有些平凡。然而，我并不自卑。

我有一份很不错的工作，我是一名侦察员。

你可能想不到，就像猪八戒喜欢跟随孙悟空做事一样，我的侦

察对象也是猴子。平日里，我会在居住的雨林中四处追寻猴子的踪迹。

你问我为什么这样做，是不是想和"猴哥"做朋友？不，你想多啦！其实，我喜欢吃水果，而猴子们经过的地方常常会有掉落的水果。

嘿嘿，我很聪明吧？只要跟紧猴子，我就不愁吃不到水果啦！

不过，你可别以为我整天就只知道吃东西，实际上，我也很懂得回馈大自然。你知道吗？我还有一份副业——播种者，太平洋附近许多岛屿上的热带植物都是由我播种的呢！

那我是怎么做到的呢？

职场经历 ⊙

猴哥，猴哥？

叫我干啥？

你看……

猴哥，最近我都没吃到果子……

你不是侦察员吗？
来，追上我自然有你好果子吃。

由于我吃进去的许多植物果实无法被胃酸消化，最后只能随着我的粪便被排出体外。也就是说，在我跑来跑去的过程中，我会将这些植物的种子携带至四面八方，让它们有机会生根发芽。

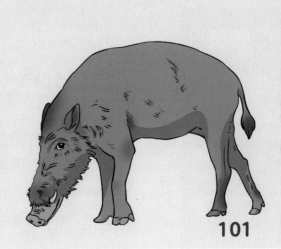

101

个人简历

眼镜猴

别 名	跗猴
目	灵长目
科	眼镜猴科
生活地	苏门答腊南部和菲律宾部分岛屿
食 物	昆虫、小型蜥蜴、鸟类
性情习性	多独栖,有时成对栖息;树上活动,夜行动物
寿命年限	15～20 年
职 业	跳远运动员（能在树枝间敏捷地跳来跳去,纵身一跃可以跳出相当于自己身长 40 倍的距离）
特 点	体长只有 9～12 厘米,体重为 150 克左右,是全世界已知的最小猴种。眼镜猴最奇特之处在于眼睛。在小小的脸庞上,长着两只圆溜溜的特别大的眼睛,眼珠的直径可以超过 1 厘米,和它的小身体很不相称,好像戴着一副特大的旧式老花眼镜

自我介绍

大家好,我的名字叫眼镜猴,也有人喜欢叫我跗猴。

作为全世界已知的最小的猴族成员,我的身材十分迷你:体长只有 10 厘米左右,相当于一只成人手掌的大小,体重为 150 多克,比一块普通的手表还轻。但奇特的是,我的两只眼睛又大又圆,几乎占据了我脸部的一半,

远远地看去，简直就像戴着一副特大号的眼镜。对了，我的尾巴也十分特别：长达 20 多厘米，是我体长的 2 倍，并且，除了尾端的一小撮毛外，其余部位全是光秃秃的。

我很害羞，不习惯与人接触。除了觅食外，大部分时间，我都在睡觉和抱着树枝发呆。

不过，我有着高超的技能。在身体不动的情况下，我的脑袋能够左右各转动 180°，视野非常广阔。我的每个脚趾上都有一个圆盘状的肉垫，这让我牢牢地攀附在树枝上，也不害怕会在光滑的物体上滑倒。当我活动时，我的尾巴会保证让我的身体保持平衡，使我可以在树枝间跳来跳去，并稳稳地抓在树枝上不掉落。

对了，我还没告诉你我的职业吧？其实，我是一名跳远运动员。优越的身体条件，让我具备了高超的跳跃能力。只要我纵身一跃，就可以跳 3 米多远的距离，这相当于我体长的 40 倍呢！

我很厉害对不对？也许这就叫作"小小的身体，大大的能量"！

职场经历 ⬇

个人简历

亚洲胡狼

别　　　名	金豺
目	食肉目
科	犬科
生　活　地	亚洲东部、西部及印度，生活在干燥空旷的地区，开放的稀树草原、沙漠和干旱的草原
食　　　物	以食草动物及啮齿动物等为食，也食腐肉、植物
性情习性	善于快速及长距离奔跑，喜群居，常追逐猎食
寿命年限	8～16 年
职　　　业	早教师（会花 6 个月时间耐心地教狼宝宝生存技能）
特　　　点	是一种小型的豺狼，个体之间的行为有点像家犬。挖掘洞穴和嗥叫是它们的集体活动。胡狼一般在冬季交配，雌兽的怀孕期为 60 天左右，每胎产 1～7 仔。幼仔很容易受到其他食肉兽类的攻击，但通常在每个窝中，都有一只较大的亚成体看护这些幼仔，有人称之为 " 帮手 "。幼仔们非常高兴和 " 帮手 " 待在一起，而 " 帮手 " 也十分忠于职守，并且从中学习找食、哺养幼仔和与其他食肉动物周旋等各方面的经验，直到幼仔长到 8 个月以上，有的甚至长达 2 年左右。每增加一只 " 帮手 "，平均可以提高 1.5 只幼仔的成活率，而对于 " 帮手 " 来说，看护的幼仔实际上都是它的兄弟姐妹，此时所取得的经验，会使它在将来照顾自己的孩子时受益无穷

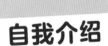

自我介绍

大家好，我的名字叫亚洲胡狼，也有人喜欢叫我金豺。

听到我的名字，你一定以为我是一个很凶残的家伙吧？

的确，我还是一名优秀的猎手呢！为了生存，我会与同伴分工合作，

不遗余力地追逐，围剿猎物，也会一路尾随凶猛的狮子，捡食它们的"剩饭"。

然而，性情狡诈的我，当面对我的幼崽时，表现了不同的一面。

我十分爱护幼仔，我会将好不容易获得的食物先吃进胃里，待半消化后，再呕出来当成辅食喂给幼仔。

同时，我很重视幼仔的成长。为了让它们学会各种生存本领，更好地在弱肉强食的草原上生存下去，我甘当一名早教师。

在幼仔出生后，我会花 6 个月以上的时间与它们待在一起。在这期间，我总是耐心地传授它们各种技能，教它们如何捕食、哺养后代，以及如何与其他动物共处。

我非常热爱自己的工作，看到小家伙们一天比一天进步，我感到无比激动。有时候，我不知道该怎么表达这种心情，只能大声地嗥叫。

职场经历 ⊙

个人简历

啄木鸟

曰	䴕（liè）形
生 活 地	欧亚大陆常见
食 物	天牛、透翅蛾、椿象等害虫
性情习性	食量大，活动范围广
寿命年限	约 20 年
职 业	树木医生（啄木鸟是著名的森林鸟，除消灭树皮下的害虫，其凿木的痕迹可作为森林卫生采伐的指示剂）
特 点	是常见的留鸟，它不像别的鸟是站立在树枝上的，而是攀缘在直立的树干上的。它的脚稍短，具4趾，2趾向前，2趾向后；尾呈平尾或楔状，尾羽大都12枚，它的尾呈楔形，羽轴硬而富有弹性，在啄木时支撑身体。这样，啄木鸟就可以有力地抓住树干不至于滑下来，还能够在树干上跳动，沿着树干快速移动，向上跳跃，向下反跳，或者向两侧转圈爬行

自我介绍

大家好，我的名字叫啄木鸟。

我是一名森林医生。我每天的工作，是攀缘在直立的树干上，用尖利的喙部"咚咚咚"地敲击生病的大树，然后吃掉树皮底下隐藏的害虫。

我非常热爱我的工作。为了帮助遭受虫害大树恢复健康，我每天会敲击树木 500 ～ 600 次，而当它们重新焕发生机，并挥舞着枝叶向我表达谢意时，我兴奋极了。

现在，就让我来给你展示一下我的工作成果吧。

你知道吗？作为著名的森林鸟，我的食量很大，一天能吃掉 1500 条左右的害虫，天牛、透翅蛾、椿象等害虫，都包含在我的食谱中。同时，我的活动范围特别广。据说，在 13.3 公顷的森林中，只要有两只我的同伴，一个冬天就可以消灭 90% 以上的害虫呢！

另外，最让我骄傲的一点是，我的工作受到了人类的认可。如今，经由我凿木留下的痕迹，已经成了森林卫生采伐的指示剂啦！

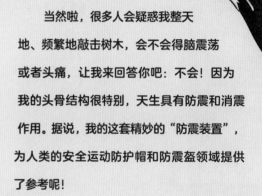

当然啦，很多人会疑惑我整天地、频繁地敲击树木，会不会得脑震荡或者头痛，让我来回答你吧：不会！因为我的头骨结构很特别，天生具有防震和消震作用。据说，我的这套精妙的"防震装置"，为人类的安全运动防护帽和防震盔领域提供了参考呢！

职场经历 ⬇

107

个人简历

黄胸织布鸟

目	雀形目	
科	文鸟科	
生活地	中国、巴基斯坦、印度、孟加拉国、缅甸、泰国、越南、马来西亚、印度尼西亚，栖息于开阔的原野、河流、湖泊、水渠、芦苇地、沼泽等较为潮湿的地区，也出没于水稻田、果园和庭院树上，不喜欢山地、森林和荒漠	
食物	以稻谷、草籽、果实、种子等植物性食物为食，繁殖期间也吃蝗虫、甲虫、鳞翅目和鞘翅目昆虫及昆虫幼虫、小型软体动物等	
性情习性	常成群活动，通常呈数只或十多只的小群，但秋冬季节有时呈数十只甚至上百只的大群，特别是在稻谷成熟季节，飞到农田觅食，给谷物收成带来一定损失	
寿命年限	10年	
职业	纺织工（因其能用细草把巢编织得精巧漂亮，因此被称为动物界的"最美纺织工"）	
特点	小型鸟类。嘴粗厚呈锥状，两翅和尾较短。巢由撕成线条状的草叶或水稻叶编织而成，结构极精巧，形状亦很奇特，呈袋状或梨状。悬吊于乔木树侧枝枝条上。黄胸织布鸟属一雄多雌制，雄鸟和雌鸟的结合很短暂，在完成交配雌鸟孵卵以后，雄鸟即离开雌鸟，开始营造新的巢和吸引新的雌鸟与之交配产卵	

自我介绍

大家好，我的名字叫黄胸织布鸟。

作为一种小型鸟类，我的体形与麻雀相似。不过，身材娇小的我天生自带一门好手艺，能够用细草把巢编织得精巧漂亮，是大家公认的"最美纺织工"呢！

我大显纺织功力的时间，通常在每年 4 ~ 8 月。原因很简单，这是我的求偶期，而雌性们总是根据大家编织的"房子"来决定伴侣。因此，为了赢得雌性的青睐，我必须努力地编织出精致又美丽的"房子"。

这真是一项又耗费体力又需要智慧的工作。我们喜欢将"房子"悬吊于枝条上。也就是说，我编织的"房子"必须得轻，不能压断树枝。同时，它还要结实，能抗击风吹雨打。

这种超一流的建筑要求，难不倒我这位"纺织大师"。我很勤劳，也很聪明，会不停地飞来飞去，四处寻找草叶或水稻叶，并将它们撕裂成线条状，然后再将叶片丝缠绕在枝条上细心地进行编织。

由我编织完成的"房子"，结构精巧，远远地看上去，就像一个悬挂在树上的大钟。为了保障安全，我还机智地设计了真假两个出口。真出口，可以通向孵化育雏之处，非常隐蔽；假出口大敞着，用来逃避天敌的追捕。

不过，我们族群有些同类有个坏习惯。它们经常会在"房子"还未编织到一半时，就唱着情歌向雌性求婚。可是此时雌性不会搭理它们，它们只愿意接受"房子"已经编织到一半的雄性成员。于是，"求婚"失败的雄鸟，就会狠心将努力编织的"房子"废弃。所以在野外，你经常会看到一些由我们出品的"烂尾房"。当然啦，如果这些雄鸟不这么心急，一个繁殖季节，它们最多可以成功编织 5 所"房子"，获得 5 位雌性的青睐。

职场经历 ⊙

奇怪，怎么都是雌性来求姻缘，雄性去哪里了？

它们也在求姻缘！

在哪里，我怎么没见到它们？

你瞧！

个人简历

目	啮齿目	
科	仓鼠科	
生 活 地	新疆等地,多栖息于河湖岸、沼泽、灌丛、耕地	
食 物	水里植被,草和根	
性情习性	通常不以大群生活,成年后都有自己的领地,会在巢穴、洞穴附近用粪便做标记	
寿命年限	5 个月	
职 业	潜水员(耳朵里长着天然的耳塞,就算潜到深水下面,耳朵也不会进水)	
特 点	是游泳和潜水专家	

水䶄

自我介绍

大家好,我的名字叫水䶄。

由于长相与老鼠类似,我经常会被人们非正式地称为水鼠。

不过,我不太能接受这个称呼,因为如果你仔细地观察,就会发现我与老鼠之间有许多不同。

相比普通老鼠，我的个头更大，并且全身都覆盖有黑褐色的毛发。这种低调的深色被毛，是我天然的掩体，使我能够很好地隐藏在茂密的植被中，从而躲避天敌的追捕。

我有一条长长的尾巴，长度几乎达到我身体的一半，而异常向前突出的上门牙，让我具备了极强的掘地能力。

在我成年以后，我喜欢在河流、池塘和溪流的岸边挖掘洞穴。有时候，我会选择在地面上编织球状的巢穴。

我的领地意识很强，常常会在洞穴附近用粪便做标记。如果有其他水鼾入侵我的领地，我会立刻奋起攻击。

作为一种半水生啮齿动物，我的耳朵里长着天然的耳塞，也就是说，即便我潜到很深

的水域，耳朵也不会进水。这项独门绝技，让我非常擅长游泳和潜水，是公认的专业潜水员。

职场经历

你快停下！

回去吧，可怜的家伙，幸亏我救了你。

喂，跟你说过多少次啦，我是自己下去潜水的！

潜水证
水鼾

111

个人简历

属	林鸮属
科	鸱鸮科
生 活 地	栖息于林地和森林中
食 物	以昆虫、鸟类、小型哺乳动物为食
性情习性	夜间活动，有时也会在日间觅食
寿命年限	16～17年
职 业	密探（能把脑袋旋转180°来观察身后，让一切尽收眼底）
特 点	有明显脸盘，但无耳羽束。长尾林鸮的颈部有14块骨头（颈椎），这个数量相当于人类的2倍。因此，它的颈部可以灵活地旋转

林鸮

自我介绍

大家好，我是林鸮，一种属于鸱鸮科的猫头鹰。

我住在大森林里，习惯夜间出来活动，也被人们称为"森林幽灵"。

我的外形很奇特。我没有明显的"耳朵"（耳羽簇）；一张心形的脸庞，乍一看好像戴着面具；大大的眼睛，与人类一样长在脸部前面；我的颈部由

14 块颈椎骨构成，数量相当于人类的 2 倍，能够灵活旋转 180°。

我的职业是一名密探。我可以很骄傲地说，我具有密探该有的所有特质。不信的话，就听我细细地说给你听。

我是顶级的躲藏大师，拥有与树皮一样颜色的保护色，可以瞬间与落叶松、白桦等树木融为一体。

我振翅时无声无息，这让我在空中飞翔时，可以不发出任何声音。

我有极其敏锐的听觉。我的面具脸上长着很多细毛，它们的作用类似抛物面天线，可以有效地汇集声音，哪怕是最细微的声音也不会漏掉。

我的视力相当好。我的两只大眼睛能够通过调整角膜和晶状体的厚度，来收

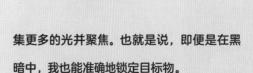

职场经历

饶命呀，我再也不干啦！

鼠赃并获，你还有什么好说的？

集更多的光并聚焦。也就是说，即便是在黑暗中，我也能准确地锁定目标物。

我的爪子是所有猛禽中最锋利的，就连猎物的骨头也能撕碎。

最关键的是，我可以轻松地把脑袋转到身后，将一切尽收眼底。这一点，我相信除了我之外，没有几种动物能够做到。

个人简历

鼯鼠

别　　名	飞鼠、飞虎
目	啮齿目
科	松鼠科
生 活 地	亚洲东南部的热带与亚热带森林中，仅少数几种分布在欧亚大陆北部的温带与寒温带森林中
食　　物	坚果、水果、植物嫩芽、昆虫和小型鸟类
性情习性	喜欢栖息在针叶、阔叶混交的山林中。性喜安静，多独居生活；习性类似蝙蝠，白天多躲在悬崖峭壁的岩石洞穴、石隙或树洞中休息，夜晚外出寻食，清晨和黄昏时活动比较频繁；有固定排泄粪便的地方
寿命年限	10 年
职　　业	跳伞员（前后肢间长着宽而多毛的飞膜，能在丛林里跳跃、飞翔）
特　　点	不属于松鼠，不张开飞膜时，外形似松鼠。行动敏捷，善于攀爬和滑翔。背毛呈灰褐或棕色，腹面灰白色，四足、背毛橘红色。鼯鼠头宽、眼大、耳廓发达，前后肢间有宽而多毛的飞膜，借此起滑翔作用，后肢略长于前肢。体形多为中等。小飞鼠体长 13 厘米以上，大鼯鼠体长 50 厘米以上；多数种类的毛色都比较艳丽；牙齿多为 22 颗。其飞膜可以帮助其在树中间快速地滑行，但由于其没有像鸟类可以产生升力的器官，因此鼯鼠只能在树、陆中间滑翔

自我介绍

大家好，我的名字叫鼯鼠，我还有两个很神气的名字，叫飞鼠和飞虎。

我的体长约 25 厘米，眼睛大大的，尾巴几乎与身体等长，背毛呈灰褐或棕色，腹面灰白色，四足、背毛橘红色。

由于外形与松鼠相似，我经常被人们误认为是松鼠。但我其实是鳞尾松鼠亚目成员，与松鼠有很大不同。

简单来说，就是我拥有特殊的本事——飞翔。

我可没有吹牛！实际上，世代居住在大森林里的我，前后肢间生有一种宽而多毛的飞膜。这让我不仅能够短距离滑行，还可以利用反复滑翔的方式在丛林间进行快速的移动，是大家公认的"跳伞达人"。

现在，你该明白我的两个别名是怎么来的了吧？

另外，我想告诉你，我的粪和尿也很珍贵。有一种中药就是将我的粪粒和尿黏结在一起制成的呢。

不过，令我十分悲痛的是，我的众多家族成员都遭到了人类的无情猎杀。呜呜，现如今，我们鼯鼠家族，可能已经灭绝啦。

职场经历 ⬇

呜呜，我恐高，不敢下去！

别害怕，我来帮你。

真的吗？

哇！出发！

115

别 名	海狸	
目	啮齿目	
科	河狸科	
生 活 地	欧洲寒温带和亚寒带森林河流沿岸	
食 物	喜食多种植物的嫩枝、树皮、树根，也食水生植物	
性情习性	岸上栖居，夜间活动，白天很少出洞，善游泳和潜水，不冬眠，自卫能力很弱，胆小；每年繁殖 1 次，每胎产 1~6 仔	
寿命年限	12~20 年	
职 业	水利工程师（会砍伐树木来修筑水坝）	
特 点	躯体肥大，雌、雄无明显差异，头短，眼小，颈短，四肢短宽，前肢短、足小、具强爪，后肢粗壮有力，尾大、扁平	

河狸

▶ 自我介绍

大家好，我的名字叫河狸，也叫海狸。

我的身材肥肥大大的，脚上有蹼，一条大尾巴像极了鱼鳍。这使得在陆地上行动时，显得缓慢而笨拙，但我十分适应水下生活，是游泳和潜水高手。

我的性格极为胆小，遇到危险时，会即刻跃入水中，并用尾巴使劲拍打

水面来警告同类。我习惯在水边生活，巢穴也建在靠近水源的地方。你知道吗？为了防止天敌侵扰，我的洞穴出口也是隐蔽在水下的。

我是一名水利工程师，平常最喜欢干两件事：建造水坝和修补水坝。

当我居住地的水位下降时，我会立即用泥巴或杂草等，拦截住一股水流，再跑去找来树枝、石块和软泥等，将它们垒在一起建成堤坝。

由我建造的水坝，蓄水能力很强，既能形成小小的池塘，也可以形成面积颇大的湖泊，不仅便利于我的生活，也极大地改善了周边动物的生存环境。

话说，我对修补自己建造的水坝，有一种发自内心的热爱。当我认为堤坝需要增添

职场经历 ⊕

树干进行加固时，我会爬上岸，用大门牙"砍伐"合适的大树，再将它拖回到筑坝的地方；当必须使用软泥进行加固时，我也不怕辛劳，有时候甚至会挖出长达百米的运河呢。

我自认为是一名天赋异禀的水利工程师。你怎么看呢？

117

小朋友们，在我们美丽的地球上，生活着许许多多的动物，它们有各自的习性。它们有的居住在海洋里；有的家在北美洲；有的住在亚洲；有的不耐高温，只能生活在冰天雪地的南极和北极；有的十分适应酷暑，成了炎热的非洲荒漠地带居民。不过，也正因为如此，很多动物早已无法适应栖息地以外的生活，以至于我们很难在其他地方看到它们的身影。

然而，我们今天要去了解的这些动物，则有些不同。它们并不只在某一个地方栖息，而是全世界都遍

布着它们的足迹，甚至有些小动物就住在我们附近的花园里、池塘中。只要我们走出家门，就可以与它们碰面。

那么，今天，就让我们来到这些小动物的世界，一起瞧一瞧它们是如何大显神通，又从事什么了不起的"职业"吧！

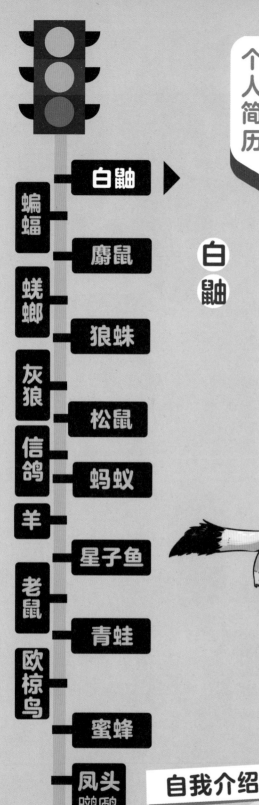

白鼬

蝙蝠
蜣螂
灰狼
信鸽
羊
老鼠
欧椋鸟

白鼬 ▶
麝鼠
狼蛛
松鼠
蚂蚁
星子鱼
青蛙
蜜蜂
凤头鹦鹉

个人简历

别　　　名	扫雪鼬、短尾黄鼠狼、短尾鼬
目	食肉目
科	鼬科
生活地	欧洲、亚洲、北美北部均有
食　　　物	以鼠、昆虫、鸟、鱼等为食
性情习性	夜行性，不冬眠；单独活动；多栖息于沼泽、林地、农田、荒漠、半荒漠，甚至沙丘地带
寿命年限	5～8年
职　　　业	猎手（腿脚灵活、腰身柔软，只要脑袋能钻过去的洞，身体就能钻过去）
特　　　点	毛色随季节变化，冬季时为纯白色，只有尾端为黑色。个体很小，体重25～116克，体长170～330毫米。体形似黄鼬，身体细长，四肢短小，毛色随季节不同

自我介绍

　　大家好，我的名字叫白鼬，也叫短尾黄鼠狼、短尾鼬。当然啦，若你习惯叫我"扫雪鼬"，我也会欣然接受。谁让我冬天外出觅食时，短短的尾巴总会拖在雪地上，留下一道道像在扫雪一样的痕迹呢。

　　我的颜值非常高，在整个鼬科家族中，是公认的颜值担当。你瞧，我的身体细细长长的，四肢短小，毛发光泽顺滑，小小的脑袋上一双大眼睛忽闪忽闪的，好似对一切都充满了好奇。我还会"变色"。每到冬季，白雪覆盖整个大地时，我全身的毛色会由低调的灰棕色变为美丽的纯白色，仅尾巴尖还剩一圈黑色，真可谓名副其实的"雪地小精灵"呢。

不过，若你以为我的性格与我的外表一样软萌，那就大错特错啦。

实际上，我很高冷，喜欢独来独往，领地意识也十分强。我会在石头、树桩、树枝上留下肛门腺分泌物，警告其他同伴不要前来打扰。另外，我很凶猛，属于天生的掠食者，就连体形比我大几十倍的动物也经常出现在我的食谱中呢。

我是个优秀的猎手。在发现猎物以后，为了迷惑猎物，我会做一些高难度动作，如跳跃空翻、360°空中旋转，以及装死等，一步步地慢慢地接近猎物，从而出其不意地将其擒获。

我的腰身非常柔软，腿脚也格外灵活，只要我的脑袋能钻过去的洞，身体就能钻过去。我常常

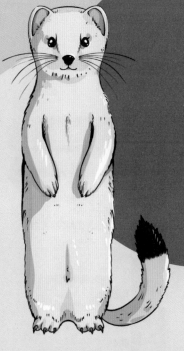

钻到猎物的洞穴里，将其逮住，并将它的洞穴据为己有。

哦，对了，差点忘了告诉你，我喜欢将吃不完的食物储存起来，是远近闻名的"食物收藏家"。不过，由于我也是"食腐专家"，所以，我的存储方法十分简易，只是将食物搁在那里，任它腐烂而已。

说到这里，你肯定很好奇，会想这个聪明机智的小家伙，到底从事着什么职业呢？嘿嘿，让我来告诉你，我呀，是一名出色的特种兵。日常生活中，不仅能够抓获行踪诡异的庄稼盗贼——田鼠，也会帮助农民伯伯清除粮食害虫，至于我还有哪些神奇的技能，就请聪明的你，在我的个人简介中认真找一找啦！

职场经历 ⬇

从现在开始，你们得学习如何做一名合格的猎手了。

明白！长官。

假设这里有一个洞，洞里躲着许多敌人，它们马上要发起进攻了，你们打算怎么做？

报告长官，此乃藏身术。

你这又是什么战术？

？？？你藏在哪里？

我藏在一个假设的大洞里面。

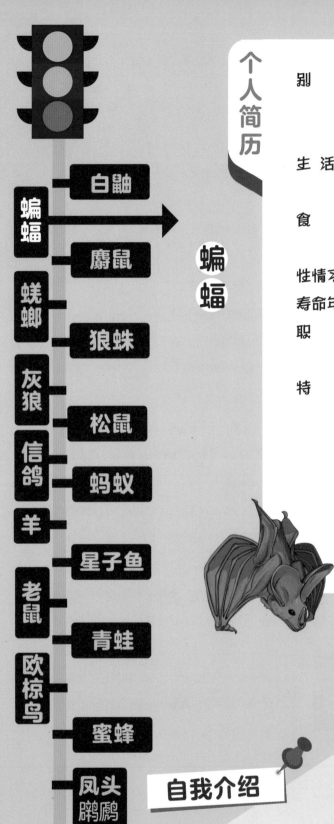

蝙蝠

别 名	天鼠、挂鼠、天蝠等	
目	翼手目	
科	16科	
生 活 地	山洞、缝隙、地洞或建筑物内，也栖于树上、岩石上	
食 物	花蜜、果实，鱼、青蛙、昆虫，吸食动物血液，也吃其他蝙蝠	
性情习性	群居；白天憩息，夜出觅食；总是倒挂着休息	
寿命年限	30年	
职 业	夜行侠（能发出人耳无法听到的超声波，利用回声定位在黑暗中捕食）	
特 点	是多种人畜共患病毒的天然宿主，能够携带数十种病毒；视觉较差，而听觉则异常发达，在夜间或十分昏暗的环境中能够自由地飞翔和准确无误地捕捉食物。某些种类的蝙蝠是飞行高手，它们能够在狭窄的地方非常敏捷地转身，蝙蝠是唯一能振翅飞翔的哺乳动物	

自我介绍

大家好，我的名字叫蝙蝠。我是著名的"夜行侠"，喜欢居住在漆黑的山洞中，习惯夜间外出觅食。

你别看我的个头不大，长相也并不起眼，实际上，在哺乳动物里，我是唯一可以振翅飞翔的，也是动物界仅有的头朝下倒挂着睡觉的。而且我在倒挂着的时候，全身的肌肉都处于放松状态，就和你躺在床上休息时一样舒服。

哦，对了，即便在夜间，我也能准确无误地捕捉猎物。我"看"东西，并不用眼睛，而是靠"声音"，也就是所谓的"回声定位"。简单点说，就是夜间飞行时，我会持续地从嘴里发出人类听不见的超声波，然后，再根据超声波遇到障碍物反射回耳朵中的信息，我辨别前方物体是移动的，还是静止的，以及判断它与我之间的距离，让我在捕食时，可以及时决定回避还是追捕猎物。

另外，当侦测猎物比较困难时，我还能够提高使用"回声定位系统"的强度。这一点相当奇妙，就如同在黑暗的房间中，我们打开灯光将物体照亮一样。

哦，对了，有时候，信息接收会受到干扰。不过，这也难不倒我。我可以通过灵活的曲线飞行，不断改变超声波的方向，让猎物无法侥幸地逃脱。

我很棒吧，哈哈！听说，人类的"雷达"系统便是从我身上获取的灵感，从而发明出来的呢。

职场经历 ⊥

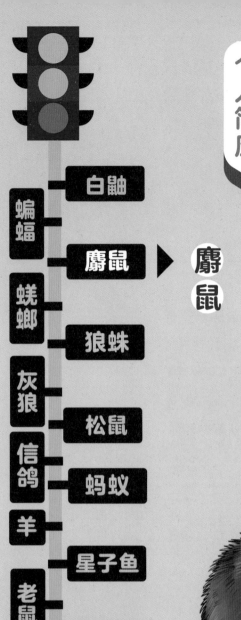

白鼬

麝鼠 ▶ 麝鼠

狼蛛

松鼠

蚂蚁

星子鱼

青蛙

欧椋鸟

蜜蜂

凤头鸊鷉

蝙蝠
螳螂
灰狼
信鸽
羊
老鼠
欧椋鸟

个人简历

别　名		麝香鼠、青根貂、水老鼠、水耗子
目		啮齿目
科		仓鼠科
生 活 地		是半水栖的兽类，栖息于低洼地带、沼泽地，以及湖泊、河流、池塘两岸
食　物		香蒲及其他水中的植物，淡水河蚌、青蛙、淡水螯虾及小龟等
性情习性		多在黄昏和夜晚活动，喜欢游泳和潜水，在陆地上移动极不灵活；视觉和嗅觉相当迟钝，听觉却很灵敏
寿命年限		4~6 年
职　业		旅店老板（喜欢在滨水的地方挖洞栖息，挖的洞还能提供给其他动物留宿）
特　点		一种小型珍贵毛皮兽，能产生类似麝香的分泌物，体形像个大老鼠。雄性麝鼠在 4 ~ 9 月繁殖期间能通过生殖系统的麝鼠腺分泌出麝鼠香，具有浓烈的芳香味。麝鼠香既可以代替麝香作为名贵中药材，又是制作高级香水的原料

自我介绍

大家好，我的名字叫麝鼠。有人因为我在繁殖期间，可以分泌出一种香味浓烈的麝香，所以也叫我麝香鼠；有人见我长得与老鼠相似，又喜欢居住在靠近水源的地方，且十分擅长游泳和潜水，就干脆将我称作水老鼠、水耗子。我身材粗硕笨拙，在陆地上活动时，行动极不灵活，唯一锋利的牙齿也不足以吓退天敌。好在我属于半水栖动物，一天中的大部分时间都在水中度过，而且我还拥有与生俱来的挖掘能力，是一名挖洞小能手。

　　我可没有吹牛哦！实际上，在选择居住地时，我尤其偏爱水草茂盛的湖泊、河流、水库等附近区域，并在这些地方努力地挖掘出很大的地道，并用植物和泥土建造巢穴。我的巢穴，高度可达 91 厘米，长度能达 5 米以上。不仅如此，为了能在危险来临时及时逃生，我还巧妙地搭建了两个出入口：一个陆地上，一个藏在水底。即便有天敌出现，我也可以立即潜入水中，从水中的入口游回巢穴。

　　除了面积大、设计巧妙，我的巢穴还特别豪华舒适，内部不仅有独立的房间，每个房间还有各自的小门，可以直达外面的水洼。同时，为了让雨水及时流走，聪明的我，还在巢穴上方加盖了一个圆顶。

　　很多小动物都喜欢来我家借宿啦，不过，作为旅店老板，我可以大方地将房间分享给海狸鼠、河狸等邻居，却无法容忍我们麝鼠家族的其他成员。只要它们靠近我家，我就会果断出手，直到把它们赶走为止。

职场经历

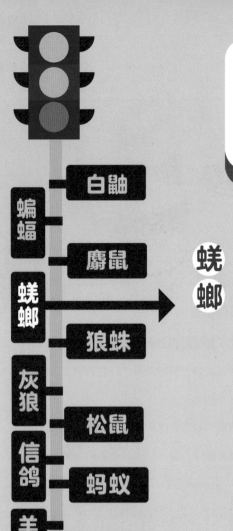

蜣螂

个人简历

别　　名	屎壳郎、圣甲虫
目	鞘翅目
科	金龟甲科
生活地	分布在南极洲以外的任何一块大陆；栖息在牛粪堆、人屎堆中，或在粪堆下掘土穴居
食　　物	以粪便或腐殖质为食
性情习性	利用月光偏振现象进行定位，以帮助取食，有一定的趋光性
寿命年限	1 年
职　　业	清洁工（专门清理粪便）
特　　点	以动物粪便为食，有"自然界清道夫"的称号

自我介绍

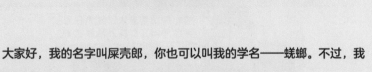

大家好，我的名字叫屎壳郎，你也可以叫我的学名——蜣螂。不过，我个人最喜欢的称呼，却是圣甲虫，因为它听起来真是威风极了。

通过我的名字，你应该对我有所了解了吧？

确实，我是一个喜欢与粪便打交道的家伙。我每天吃的食物，是动物的粪便；我日常最爱做的事情，是将动物粪便制成球状，再滚动到隐蔽的地方藏起来，留待以后慢慢享用；我的孩子，甚至也是在动物粪便中出生、长大。因此，我也得了很多与粪便有关的俗名，比如粪金龟、牛屎龟、滚粪郎等。

长久以来，我对粪便的高度依赖，让我在很多爱好卫生的人类心中形象颇为不好。然而，我并不为此感到困扰，因为真正了解我的朋友都知道，我，其实是一名清洁工，为生态系统的粪便处理事业做出了巨大贡献。

你知道吗？在种植、养殖、畜牧等行业，正是由于我和我的同伴勤勤恳恳，每天努力地清理、收集粪便，并将粪便转运到地下，才使得牧场有了很好的肥料。同时，我们减少了粪便堆积如山，从而控制了蚊虫的数量，减少了传染性疾病的暴发。

职场经历 ⊙

哦，对了，我还会将一些未被动物完全消化的种子，运送到较远的地方，使它们得以传播。据说，有一种植物为了获得我的帮助，还特意把种子进化成了类似粪便的样子呢。

现在，你对我的理解有了改观吗？有没有觉得我虽然默默无闻，却不可或缺呢？

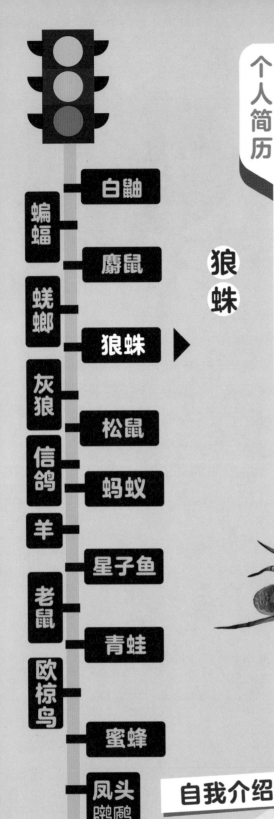

白鼬

蝙蝠

麝鼠

鼩鼱

狼蛛

灰狼

信鸽

羊

松鼠

蚂蚁

老鼠

星子鱼

欧椋鸟

青蛙

蜜蜂

凤头鹦鹉

狼蛛

个人简历

目	蜘蛛目	
科	狼蛛科	
生 活 地	南极洲以外世界各地，以美洲为多	
食 物	害虫	
性情习性	生性警惕，隐藏在沙砾上；在地面、田埂、沟边、农田和植株上活动；静息时隐藏在石下或土缝中，有的种类穴居；通常日间出来觅食，在温暖地区也夜出觅食。捕食量大，是农田中重要的害虫天敌	
颜 色	深褐色	
寿命年限	2～3 年	
职 业	背包客（天生的流浪者，不管是散步还是捕猎，都会随身带着卵袋。幼狼蛛孵出来之后，会继续背着它们活动，一走就是半年）	
特 点	善跑、能跳、行动敏捷、性凶猛；背上长着像狼毫一样的毛，而且有 8 只眼睛，毒性很大，能毒死一只麻雀，大的能毒死一个人	

自我介绍

大家好，我的名字叫狼蛛。

我是一种特殊的蜘蛛，不仅像狼一样凶猛，长相还十分怪异。你瞧，我的背上长着像狼毫一样的绒毛；8 只黑色的眼睛，除了大小不同外，还不规则地排成 3 列。

我的毒性很大，是公认的"地下毒之王"。我体内的毒素，可以立刻毒死一只麻雀，甚至是一个人。不过，如果你以为我一直都这么冷酷可怕，那可真是冤枉我啦。事实上，我超级有耐心，是一个又温柔又慈爱的妈妈。

我对子女的关爱，在它们出生之前就开始了。在我产卵前，我会先用蛛丝细心地铺设产垫，产下卵后，会再次用蛛丝小心地把卵覆盖起来。这样一来，我未出生的孩子们，就能够生活在一个球形的丝缎卵囊中，丝毫不惧风雨啦！另外，为了防止发生意外，不管是散步还是捕猎，我都会将丝缎卵囊搁在腹部，时刻随身携带着，看起来活像一名背包客。孩子出生以后，我也不会放松对它们的照料。无论去哪里，我都将它们背在背上，直到它们完成第二次蜕皮，才同意它们离开我的怀抱，各自独立谋生。

我真的很爱我的孩子们，在背着它们期间，为了让它们吃饱，我经常挨饿。

哦，对了，我还很有同情心呢。除了照顾自己的孩子之外，我还会悉心地照料其他同伴的孩子。只不过，我的所作所为听起来多少有些不可思议。是这样的，当我和其他狼蛛妈妈相遇时，我们会大打出手。然后，赢的那一方，会把对方吃掉，但不会伤害它的孩子，而是担负起照顾它们的责任。

蝙蝠
蜣螂
灰狼
信鸽
羊
老鼠
欧椋鸟

白鼬
麝鼠
狼蛛
松鼠
蚂蚁
星子鱼
青蛙
蜜蜂
凤头鹛鹛

灰狼

别 名		灰狼、普通狼、平原狼、森林狼、苔原狼
目		食肉目
科		犬科
生 活 地		世界各地的森林、沙漠、山地、寒带草原、针叶林、草地（除了南极洲和大部分海岛）
食 物		食肉，以食草动物及啮齿动物为食
性情习性		夜行性动物，擅长快速及长距离奔跑。多喜群居；白天常独自或成对在洞穴中蜷卧，但在人烟稀少的地带白天也出来活动；夜晚觅食的时候常在空旷的山林中发出大声的嗥叫，声震四野；常追逐猎食
寿命年限		15～20 年
职 业		猎人（神不知鬼不觉的猎人，每当集体行动的时候，会悄无声息地互相转达暗号）
特 点		灰狼有较大的体形、较宽的鼻子和较短的耳朵，善于挖洞而居，也常利用水源附近的小坑、岩洞、石缝、树洞等，或强占狐狸、獾、野兔、海狸等的洞穴，加以扩大，在里面铺垫些枯树叶等，便成了自己洞穴，并且年复一年地使用

自我介绍

嗨，大家好，我的名字叫灰狼。你也可以叫我普通狼、平原狼、森林狼，以及苔原狼。

听说，经常有人误以为我是一只狗。与狗相比，我的体形明显更大，四肢也更加强健有力，我的智商也比狗要高，性格也更为狡猾凶猛。

大家都知道，在自然界，我是一名出色的猎手。

我的嗅觉十分灵敏，只要我朝着气味追去，就很可能寻找到一顿"美食"。我的奔跑速度非常快，耐力也相当好，追捕猎物时，能够以56千米的时速连续奔跑20千米，即便是狍子这样的奔跑健将，也很难从我的手中逃脱；另外，我极有耐心，有时候，为了捕获猎物，我甚至会花费两周的时间，行走200多千米来尾随它。哦，对了，我还是一位游泳高手，遇到危险时，我会立即跳入水中，通过掩藏自己的气味，摆脱敌人的追击。

然而，各方面能力都很强的我，并不爱做"独行侠"。我更喜欢热闹的集体生活，热衷于团队作战，作为非常聪明的食肉动物之一，我们狼族狩猎的时候，喜欢群体作战，灵活地使用伏击、跟随、围攻、追逐等各种"战术"。

举例来说，当我们想捕猎一头驯鹿时，我们会在首领的带领下，先躲在驯鹿群附近悄悄地观察，直到我们将某一头驯鹿锁定为目标后，狼群才会迅速地行动。先从四面八方进行包抄，再悄无声息地慢慢地接近，并在时机成熟时，突然发起进攻。

遇到猎物企图逃跑时，我们不仅会穷追不舍，而且为了保存体力，往往还会分成几批，轮流追赶，直到狩猎成功。

哦，对了，多数时候，我们狼族大家庭，是由5～12个成员组成的。不过，偶尔我们的队伍也会变得非常庞大，成员数量高达30多个。因此，每逢夜晚，我们呼唤彼此，发出"呜嗷——呜嗷——"这种怪声怪调的嗥叫，会让其他动物瑟瑟发抖。

职场经历 ⊙

兄弟们，在本次会议结束前，我有一个问题要问大家。

老大，您问。

我们作为突击队员，在抓羊时，绝对不能做的一件事是什么？

擅自行动。

轻敌。

打草惊蛇！

都不对！
正确答案是数羊。

啊，为什么啊？

50只羊，51只羊……

1只羊，2只羊，3只羊……

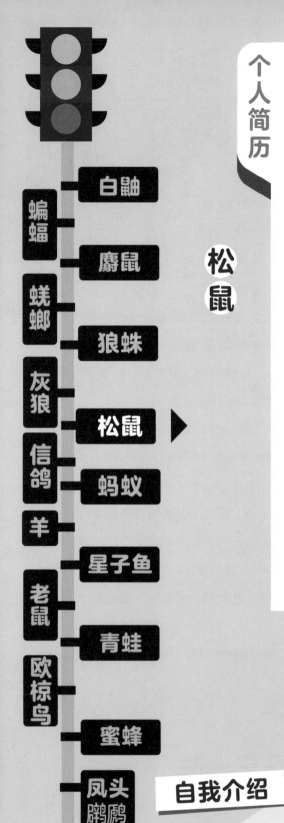

蝙蝠
螳螂
灰狼
信鸽
羊
老鼠
欧椋鸟

白鼬
麝鼠
狼蛛
松鼠 ▶
蚂蚁
星子鱼
青蛙
蜜蜂
凤头鸊鷉

松鼠

别　　名	树鼠	
目	啮齿目	
科	松鼠科	
生 活 地	除了南极洲外，各大洲都有分布	
食　　物	以橡子、栗子、胡桃等坚果为食，喜欢吃松子，常到针叶林寻松子吃，也吃松树的嫩枝叶、树皮，以及菌类、昆虫、小鸟等	
性情习性	典型的树栖小动物，储存食物过冬；松鼠是巢居生活，通常利用树洞和鸟巢；每个个体通常同时占有 2～3 个巢；在寒冷的冬季，也会出现几只松鼠分享同一个巢以维持体温的现象	
寿命年限	4～10 年	
职　　业	仓储管理员（秋季，松鼠拼命地储藏食物，一般把食物藏在地下和树洞里）	
特　　点	身体细长，体毛为灰色、暗褐色或赤褐色，所以也称灰松鼠。眼大而明亮，耳朵长，耳尖有一束毛，冬季尤其显著。夏季毛黑褐色或赤棕色；冬毛灰色、烟灰色或灰褐色。尾巴上披有蓬松长毛的啮齿类动物，尾毛多而蓬松，常朝背部反卷作为一名优秀的仓储管理员	

自我介绍

大家好，我的名字叫松鼠，因为我喜欢待在树上，也有人亲切地称呼我为"树鼠"。

我是个酷爱储存食物的小家伙。每年秋季，我都会在森林中跑来跑去，辛勤地收集各类坚果，留待寒冷的冬天享用。你知道吗？仅仅一个秋天，我就可以囤积多达 1 万颗坚果呢。

为了避免辛苦收集的坚果被其他动物抢走，我不会将坚果储存在同一个地方，而是把它们塞进树洞或埋到地下。我还会在"仓库"入口精心地铺上树叶进行遮盖。

我是一名合格的仓储管理员。我会通过掂分量、品尝等方式，对采集的坚果进行简单的筛选，一些腐烂或者有虫子的坚果会被我直接丢弃。另外，为了防止盗窃，在储存坚果时，我还会表演一套"假动作"。我会挖开一个洞，假装将食物放入洞中，但坚果仍在我的口中，在迷惑完那些正在窥探的动物后，我会将坚果悄悄地藏往别处。

哦，对了，除了坚果外，我还会储藏蘑菇。为了不让它们变质霉烂，我还会将它们挂在树梢晾晒，待风干后，再收藏到仓库里。

不过，任何事都可能出点岔子。由于我的仓库太多、太分散，我偶尔会犯迷糊，找不到其中一些仓库。唉，每当这些时候，我只好安慰自己：被我遗忘的坚果们，最终会长成一棵棵参天大树啦。

哦，对了，悄悄地告诉你，在找不到自己的冬储粮时，我也会扒开厚厚的积雪，偷吃其他家族成员藏在雪底下的食物。

职场经历 ⊙

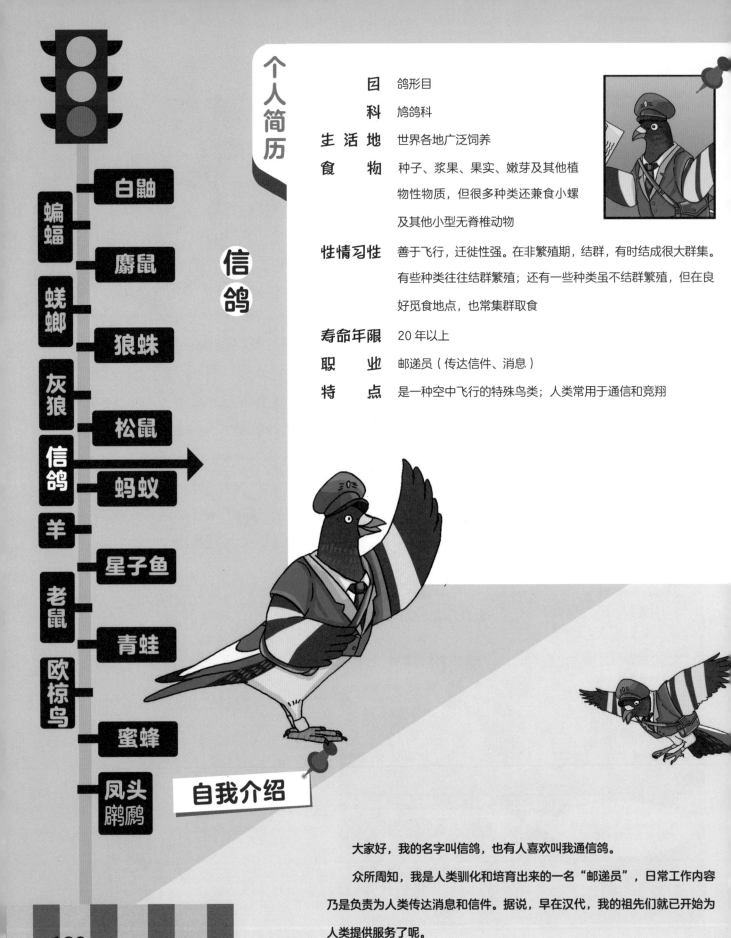

个人简历

信鸽

目	鸽形目	
科	鸠鸽科	
生 活 地	世界各地广泛饲养	
食 物	种子、浆果、果实、嫩芽及其他植物性物质，但很多种类还兼食小螺及其他小型无脊椎动物	
性情习性	善于飞行，迁徙性强。在非繁殖期，结群，有时结成很大群集。有些种类往往结群繁殖；还有一些种类虽不结群繁殖，但在良好觅食地点，也常集群取食	
寿命年限	20 年以上	
职 业	邮递员（传达信件、消息）	
特 点	是一种空中飞行的特殊鸟类；人类常用于通信和竞翔	

自我介绍

大家好，我的名字叫信鸽，也有人喜欢叫我通信鸽。

众所周知，我是人类驯化和培育出来的一名"邮递员"，日常工作内容乃是负责为人类传达消息和信件。据说，早在汉代，我的祖先们就已开始为人类提供服务了呢。

说到这里，你可能会有疑问自然界有那么多小动物，人类为何偏偏选中了小小的鸽子来担任这个重要的职务呢？告诉你吧，这是由于我拥有许多独有的技能。

你知道吗？除了大众熟知的善于飞行、迁徙性强、归巢恋家等特点外，我还具有识别方向的天性，即便是长途飞行，也几乎从来不会迷路呢。

我可不是在吹牛哦！实际上，据科学家们研究，我是一种非常聪明的鸟类，飞行途中，不仅会利用嗅觉认路，还会依据太阳的位置来调整飞行方向。更神奇的是，我的喙部带有微小的磁铁粒子，这些磁铁粒子能够感应到地球磁场。这样一来，长途飞行时，我便可以将感应到的一个个地磁信号当作导航系统，从而确定方位，并准确地找到回家的路。

哦，对了，除了邮递员外，我目前还兼职了许多其他工作呢。比方说，救险专家们会利用我来寻找海

上遇难的失踪者；检验人员喜欢让我协助他们查验不合格的产品；地震预报人员则会根据我的惊飞反应来预测地震。

职场经历 ⊙

喂，你站住！

你到底为什么要追着我跑？

有你的信件。

你直接放到我家的信箱里不行吗？

不行。上面写了："务必得本尊签收。"

139

个人简历

蚂蚁

别　　名	蚁、玄驹、昆蜉、蚍蜉蚂
目	膜翅目
科	蚁科
生 活 地	除南极洲外的世界各地
食　　物	肉食、杂食偏肉食、杂食偏素食、素食
性情习性	典型的社会性群体。同种个体间能合作照顾幼体，具明确的劳动分工
寿命年限	3～10年
职　　业	搬运工（把食物分批次运送到蚁穴，然后完成储藏、分配、食用一条龙）
特　　点	一般体形小，颜色有黑、褐、黄、红等，体壁具弹性，且光滑或有微毛；口器咀嚼式，上颚发达；触角膝状，柄节很长

自我介绍

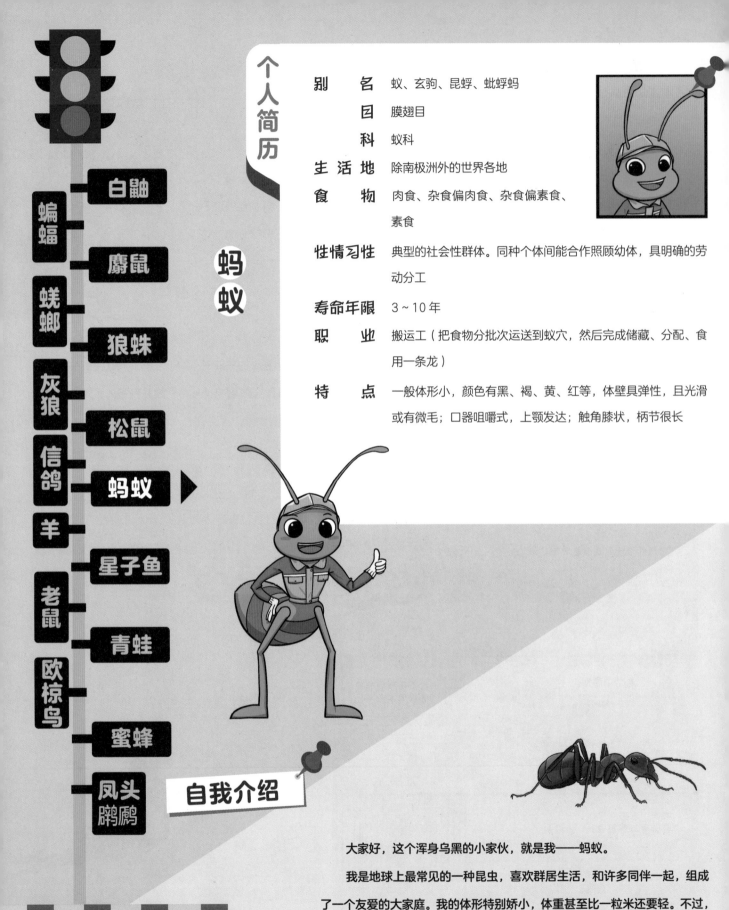

大家好，这个浑身乌黑的小家伙，就是我——蚂蚁。

我是地球上最常见的一种昆虫，喜欢群居生活，和许多同伴一起，组成了一个友爱的大家庭。我的体形特别娇小，体重甚至比一粒米还要轻。不过，你也别因此就小瞧我，因为我是有名的"大力士"，可以轻松地举起比自己重几十倍的物体。

话说，作为昆虫界赫赫有名的搬运工，我最常搬运的物品乃是我的食物。

每天清晨，我和我的同伴们就会像训练有素的士兵一样，排着整齐的长队走出家门，然后，大家会各自分散开来，用小小的触角，四处寻觅美食。过了一会儿，那些幸运找到食物的同伴，便会将食物高高地顶在头上，倒退着往家里搬运。有时候，食物实在太大，实在搬运不了时，我们便会用触角传递消息，呼唤大家前去帮忙。

你知道吗？我们蚁族成员非常团结，大家在合力搬运食物时，会一起前进，一起倒退，十分默契。另外，当我们把食物分批次搬运回家后，我们还会对食物进行分类，完成储藏、分配、食用等一条龙流程。

哦，对了，我还有一个神奇的本事，那就是我从来不会迷路！即便我整日在外面跑来跑去，或者有时候独自去往很远的地方。

这是怎么一回事呢？原来，我能分泌一种叫追踪素的物质，当我出门的时候，我会每走几步就停下来，在原地留下这种特殊的气味。这样一来，回家时，我就可以沿着自己做的标记，准确地找到家门啦！

141

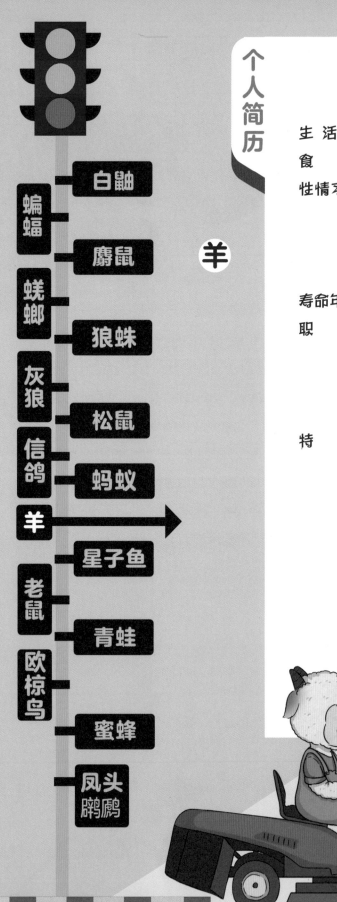

羊

个人简历

目	偶蹄目
科	牛科
生 活 地	世界各地均有
食 物	植物及粮食作物
性情习性	群居，通常是原来熟悉的羊只形成小群体，小群体再构成大群体；羊群的头羊多是由年龄较大、子孙较多的母羊来担任，行动敏捷、易于训练及记忆力好的山羊也被选做头羊
寿命年限	约 15 年
职 业	割草工（每公顷 100 只山羊分布在农场，割草速度差不多每天半公顷。它们比人工更环保，还能节省 50% 的开支。它们还吃掉像常春藤之类的有毒植物而不中毒。当然了，它们吃了的草消化后被排出还能肥田）
特 点	有毛的四腿反刍动物。体形较胖，身体丰满，体毛绵密。头短。雄兽有螺旋状的大角，雌兽没有角或仅有细小的角。我的嘴部尖尖的，嘴唇单薄，牙齿十分锋利，上嘴唇中央，有一条中央纵沟，下颚门齿向外倾斜，对于采食地面低草、小草、花蕾和灌木枝叶非常有利，对草籽的咀嚼也很充分，素有"清道夫"之称。羊只善于啃食很短的牧草，爱挑草尖和草叶，边走边吃，移动较勤，游走较快，能扒雪吃草，对当地毒草有较高的识别能力

自我介绍

大家好，我的名字叫羊。

我是一名专业的割草工。我猜你一定很惊讶，明明羊只是喜欢吃草，一天中的大部分时间都在埋头专心地吃草而已，怎么摇身一变就成了割草工了呢？

事实上，我的确有很多独有的割草技能。

你瞧，我的嘴形很尖，两片嘴唇薄薄的，牙齿十分锋利，上嘴唇中央有一条中央纵沟，下颚门齿不规矩地向外倾斜。我的这些特点，对啃食地面的短草、小草十分有利，也方便充分地咀嚼草籽，让我有了"清道夫"的美誉。

另外，我采食草叶时，喜欢边走边吃，移动范围大，即便是一些被积雪覆盖的小草，我也不会放弃，再加上我的唾液腺分泌量大，对植物中的单宁酸有中和解毒作用。也就是说，哪怕我一不小心吃掉了常春藤之类的有毒植物，也没有中毒的危险。

我的这些本领，让很多国外的商家嗅到了商机。如今，他们已将我和同伴们出租给农场主，替代剪草机和除草剂，为农场修剪整理草坪。

话说，雇佣我来割草，可是好处多多哦。我的割草速度很快，一天就能够清理四五千克草，除草的面积可以达到1000平方米；我很灵活，一些人类不方便到达的坡地，我则可以轻松地进入；我非常环保，可以减少用机器除草的污染，也可以节省大量的开支。最重要的是，我十分方便管理。只要建一间羊舍，按时提供饮水和饲料，我就会尽职尽责地干活，而我吃掉草后排出的粪便，还能成为农场的肥料呢。

职场经历 ⓥ

听说你们妄想取代我？

有这个可能。

哼，不自量力，敢不敢和我比一下工作效率？

和它比就是了，咱不怕！

你们认为呢？

我看你们就直接认输吧，哈哈哈！

你高兴得太早啦！

咔哒！

星子鱼

别　　名	亲亲鱼 妙儿鱼 温泉鱼 鱼医生 土耳其青苔鼠
纲	硬骨鱼纲
生 活 地	中东地区
食　　物	水中的昆虫、浮游动植物藻类、有机碎屑

性情习性　一般生存在 18 ～ 43 摄氏度的温泉水、加热水、半咸淡水和高温水中。其生存温度为 15 ～ 43 摄氏度，最适宜水温为 28 ～ 38 摄氏度，最高临界温度为 41 ～ 43 摄氏度。16 摄氏度以下停止摄食且少动，14 摄氏度以下开始卧底死亡。 最适宜 pH 值为 7.0 ～ 8.5。不含硫、氟化物

寿命年限　约 2 年

职　　业　足疗师（将你的双脚泡在满是鱼的鱼缸里，接着鱼会吃掉你脚上的死皮和老茧。会有点痒，但不会觉得疼）

特　　点　热带鱼类，群性鱼类，是用土耳其星子雄鱼和本地热带母鱼经过人工繁殖出来的新品鱼种，体长只有 2 ～ 4 厘米

白鼬
麝鼠
狼蛛
松鼠
蚂蚁
星子鱼 ▶
青蛙
蜜蜂
凤头鸊鷉

蝙蝠
蜣螂
灰狼
信鸽
羊
老鼠
欧椋鸟

自我介绍

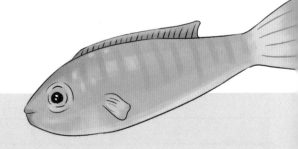

大家好，我的名字叫星子鱼，我还有几个有趣的别称，分别叫亲亲鱼、妙儿鱼、温泉鱼以及土耳其青苔鼠。

我是一种人工繁殖的热带鱼，个头很小，体长仅有 2 ～ 4 厘米。然而，我的生命力却极强。你知道吗？我不仅可以在温泉水、人工加热水、半咸淡

水中生存，也能适应高温水，我的生存水温，甚至可以达到 40 摄氏度呢。

我是一名足疗师，最爱做的事，便是为人类按摩足部。我的工作方式，乃是"亲亲啃啃"。也就是说，只要有人将脚伸进水中，我就会主动凑上去，依附在他们的脚上，亲吻吸啄他们的脚部皮肤。

别害怕，我没有牙齿，也极有分寸，只会吸食那些老化死去的皮质以及一些在显微镜下才能看得到的细菌和毛孔排泄物，并不会让人感到丝毫的疼痛。

话说，经过我的一番按摩，人体的表皮神经会得到刺激，毛孔里面堵塞的细菌和汗渍，则会加速排出体外，血液循环、新陈代谢等也会加速，因此，也有人亲切地称呼我为"鱼医生"呢。

职场经历 ⬇

个 人 简 历

老鼠

别　　名	耗子、臭鼠、田鼠、家鼠、米耗子、坎精、老虫
目	啮齿目
科	鼠科
生 活 地	常出没于下水道、厕所、厨房、杂物堆、垃圾堆放处等处，在带菌场所与干净场所来回行动
食　　物	食性很杂，爱吃的东西很多，几乎人们吃的东西它都吃，酸、甜、苦、辣全不怕，但最爱吃的是谷物类、瓜子、花生和油炸食品
性情习性	夜间出来活动，白天藏匿。智商高：相当机灵，非常灵活且狡猾，怕人，活动鬼鬼祟祟，出洞时两只前爪在洞边一爬，左瞧右看，确保安全方才出洞；它喜欢把窝建在食物和水源之间，建立固定路线，以避免危险；近视眼，触须就是"导盲棒"，喜欢沿着墙沿奔跑。夜出昼伏，凭嗅觉就知道哪里有什么食物，吃饱后三三两两打闹、追逐，饿了或发现有新的美味食物，再结伴聚餐
寿命年限	1～3年
职　　业	高音歌唱家（老鼠在地球上生存的历史比人类还悠久，为了躲避危险，老鼠之间用其他动物无法听到的高频率声音进行交流，它们哀号声的频率在40000赫兹左右。老鼠运用这种高频率的声音来传递情报，就不会引起天敌的注意）
特　　点	胎生，是哺乳动物中种类最多、分布最广、数量最大的一类。体形较小，具有寿命短、性成熟快、产仔数多、适应性强的特点。会打洞、上树，会爬山、涉水。 嗅觉很灵敏，凭嗅觉就知道哪里有什么，略有动静或者变化，立即会引起它的警觉，不敢向前，经反复熟悉后方敢向前；老鼠具有很强的记忆性和拒食性，如果受过袭击，它会长时间回避此地。游泳高手，老鼠以后脚划水，以前脚操控方向，尾巴也充当某种方向舵。它们的耐力惊人，它们能连续踩水3天。而且它们很会潜水，能在水下闭气3分钟。它们能够跳出身长四五倍的长度，能沿几乎垂直的平面爬行，会倒立，会游泳，还能从15米高处跳下却安然无恙

自我介绍

大家好，我的名字叫老鼠。

作为哺乳动物中种类较多、分布较广的动物，我们家庭除了家鼠外，还有田鼠、冠鼠、仓鼠、竹鼠等。

在介绍我的职业之前，我想先问大家一个问题：谁，是动物界的高音歌唱家呢？

我猜，你的答案很可能是海豚。没错！海豚的声音频率可达 20000 赫兹，是公认的高音歌手。不过，今天，我还想介绍另一位高音歌唱家给你认识，那就是我自己——小小的老鼠。

职场经历 ⬇

你很吃惊吧？但我向你保证，这绝对不是在讲大话。

你知道吗？除了人耳能听到的"吱吱"尖叫声，在警示危险时，为了不引起天敌的注意，我还可以发出一种高频率声音。这种声音音调丰富而多变，听起来十分类似鸟鸣，但其实是一种超声波，其他动物包括人类都无法听到。

求偶时，我和同伴便会用这种声波交流，大家会像鸟类一样，在心仪的对象面前，热情洋溢地唱情歌。

哦，对了，说出来你可能无法相信，当我哀号时，声音的频率甚至能高达 40000 赫兹左右呢。

除此之外，我还有很多其他本领。比方说，我会打洞、上树、倒立、游泳、跳远等等。不过，即便如此，一有什么风吹草动，我依然会立即竖起两只小耳朵，然后，"呼"的一下钻进洞穴里。

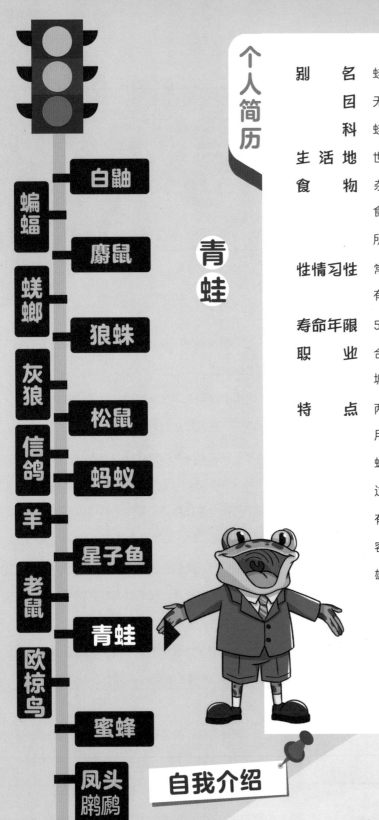

蝙蝠
蜣螂
灰狼
信鸽
羊
老鼠
欧椋鸟

白鼬
麝鼠
狼蛛
松鼠
蚂蚁
星子鱼
青蛙
蜜蜂
凤头䴙䴘

青蛙

个人简历

别　　　名	蛙、蛤蟆、田鸡
目	无尾目
科	蛙科
生　活　地	世界各大洲的水域、湿地等地区
食　　　物	杂食性动物，以昆虫为主食，也取食一些田螺、蜗牛、小虾、小鱼等，所食昆虫绝大部分为农业害虫
性情习性	常栖息于河流、池塘和稻田等处，主要在水边的草丛中活动，有时也能潜伏到水中，大多在夜间活动
寿命年限	5~16 年
职　　　业	合唱团歌手（全世界已知叫声响亮的两栖动物，经常雨后在池塘边此起彼伏地高声呱呱叫）
特　　　点	两栖类动物，成体无尾，卵产于水中，体外受精，孵化成蝌蚪，用鳃呼吸，经过变异，成体主要用肺呼吸，兼用皮肤呼吸。青蛙头上两侧有两个略微鼓着的小包包。那是它的耳膜，青蛙通过它可以听到声音。青蛙的背上是绿色的，很光滑、很软，还有花纹，腹部是白色的，这可以使它隐藏在草丛中，捉害虫就容易些，也可以保护自己。它的皮肤还可以帮助它呼吸。只有雄蛙有气囊。青蛙用舌头捕食，舌头上有黏液

自我介绍

大家好，我的名字叫青蛙。你也可以叫我蛤蟆、田鸡、蛙。

我是一名合唱团歌手。

盛夏的夜晚，尤其是雨后，当大家漫步到池塘边，总能欣赏到我们青蛙合唱团美妙的演出。我们的歌声时而低沉舒缓，时而高昂急促，真可谓此起彼伏、变化万千。

　　而且我们蛙族的音乐盛会，可是有明显的规律可循的。每一次，都是先由一两只青蛙领唱，接着，有些青蛙开始高声呼应，最后，其余的青蛙会迅速地加入进来。大家扯着洪亮的大嗓门，在池塘这个天然歌剧院里，放声高歌。作为一个专业合唱团，我们有趣的表演形式可多啦，领唱啦，合唱啦，齐唱啦，伴唱啦……

　　话说，我们整个青蛙大团队合作超级默契，大家互相紧密配合，彼此呼应。我们热烈的歌声，可是静谧的夜晚中最悦耳的催眠曲呢！

　　哦，对了，听说有人推测，我们蛙族的大合唱实际上是在努力地扩散某个重要通知，或者商议某项对策？哈哈，坦白讲，这其实是一种求偶行为，是我们的雄性成员为了吸引异性前来相会的一种方式。

　　另外，我们蛙族中嗓门儿最大的青蛙，歌声可以达到 100 分贝。它们可是全世界已知叫声非常响亮的两栖动物之一。

职场经历 ⬇

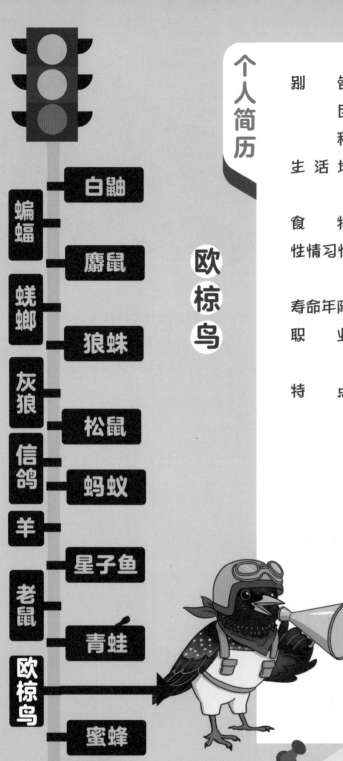

白鼬
蝙蝠
鼷鼠
蝼蛄
狼蛛
灰狼
松鼠
信鸽
蚂蚁
羊
星子鱼
老鼠
青蛙
欧椋鸟
蜜蜂
凤头鹦鹉

欧椋鸟

别　　名	星椋鸟	
目	雀形目	
科	椋鸟科	
生　活　地	分布广泛，非洲、欧洲、亚洲和美洲等都有分布	
食　　物	植物的果实或种子	
性情习性	性好温暖，常群居；候鸟，大多为地栖性，有的为树栖，巢常藏于树洞中	
寿命年限	17 年	
职　　业	特技飞行员（无论是猛升、攀升，还是俯冲、翱翔，成千上万的欧椋鸟群都能做到动作一致）	
特　　点	羽毛蓝色，有光泽，带乳白色斑点，嘴小带黄色，眼靠近嘴根，是一种非常漂亮的鸟；吃昆虫的能手，在田野、森林、菜园里消灭大量害虫，不仅在保护草地上起着巨大作用，也是著名的益鸟。	

紫翅椋鸟：为我国西北地区常见的候鸟。多栖于村落附近的果园、耕地或开阔多树的村庄内。数量多，喜集群生活，有时与粉红椋鸟混群活动，往往分成小群，聚集在耕地上啄食，每遇骚扰，即飞到附近的树上。喜栖息于树梢或较高的树枝上，在阳光下沐浴、理毛和鸣叫

自我介绍

大家好，我的名字叫欧椋鸟，你也可以叫我星椋鸟。

我是一种候鸟，喜欢在温暖的地方安家，也喜欢和许多同伴一起生活。

你别看我的个头不大，乍一看，和麻雀有些相似，实际上，我是一名杰出的特技飞行员。当我和同伴们一起在天空翱翔时，无论是猛升、旋转、攀升，

还是俯冲，不管是泪滴状、"8"字形，还是柱状等形状，我们都可以在天空中很好地呈现，我们都能保持动作高度一致。这种雄伟壮观的景象就好似一场芭蕾舞表演呢。

你知道吗？据科学家测算，我们的表演成员最多时甚至可以达到 75 万只，并且，整个鸟类王国，只有我们欧椋鸟家族能够完成如此高难度的表演。

不过，正因为我们如此默契，长久以来，很多人便猜测：我们的队伍中，会不会有个聪明的首领在不断地指导着我们的动作？

答案是否定的。我们飞行时，通过观察确认其他同伴的飞行位置来迅速调整自己的位置，从而让整个家族的行动保持协调一致。我们各成员的反应速度有多快呢？举个例子，假如我们的表演队员有 400 位，那么，在我们一个外围成员突然发出转向信号后，半秒钟内，这条消息

就能够传遍整个团队。

不过，对于我们为何会在空中集体飞舞，有科学家推测，我们这是在保护自己免遭猎鹰的袭击！嘿嘿，我无法告诉你真相，请你自己多多来探究我们吧。

职场经历 ⊛

个人简历

蜜蜂

目	膜翅目	
科	蜜蜂科	
生活地	全球	
食物	花蜜	
性情习性	群居昆虫、社会性昆虫，由蜂王、雄蜂、工蜂等个体组成	
寿命年限	几十天到几年不等	
职业	通讯员（采蜜归来后，它们会用蜜蜂特有的语言告诉同伴花粉、花蜜的方位和距离）	
特点	躯体较小，头胸部呈黑色。	

蜂王的社会分工就是专职产卵，肩负着繁衍后代的社会重任。体长 17.5 毫米左右，体色呈黑色或棕红色，全身被覆黑色和深黄色绒毛。

雄蜂的社会分工是与蜂王交配。体长 12.5 毫米左右，体色呈黑色或黑棕色，全身被覆灰色绒毛。

工蜂是雌性器官发育不全者，但它的社会分工最多，任务最重。它的许多结构特化得更适应工作的需要，比如其前肠中的嗉囊特化为蜜囊，以便贮存花蜜。体长 11 毫米左右，喙长 5 毫米左右，腹节背板呈黑色黄色环，处于高纬度、高山区的中蜂腹部色泽偏黑，处于低纬度、平原区的中蜂腹部色泽偏黄，全身被覆灰色短绒毛

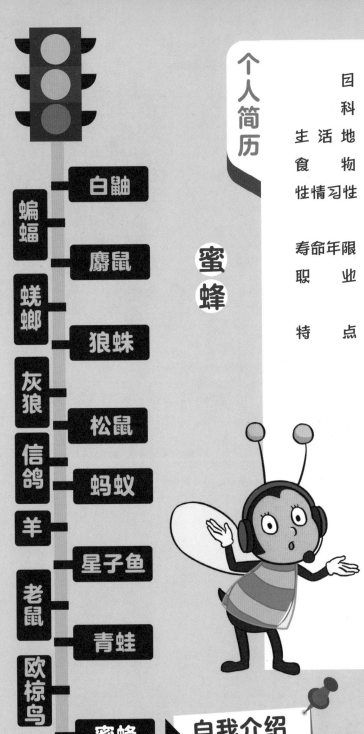

自我介绍

大家好，我的名字叫蜜蜂。

我是一种群居昆虫，身体黄黑相间，有两只小小的翅膀，一根锋利的尾针。

我的大家庭，成员众多。根据社会分工不同，大家的身份被分为三类：蜂王、雄蜂和工蜂。我，便属于其中数量最多的一类——工蜂。

我的工作，在家族中是最繁重的，既要筑巢、采蜜、育儿，也要负责家族的防卫工作。

所以，我整天都在飞来飞去，发出吵闹的"嗡嗡"声。不过，也正因为这样，我成为一名

通信员。

你知道吗？在我发现蜜源以后，我可以把蜜源的方位和距离准确地传达给其他同伴呢。

也许你会问，自然界那么大，花丛那么多，你是怎么做到的，使用的又是什么"通讯语言"呢？

告诉你吧！我的"语言"，乃是一套特殊的舞蹈动作，昆虫学家们称之为"蜂舞"。

说到这里，我来介绍一下，"蜂舞"主要分为圆舞和"8"字形摆尾舞。圆舞的动作比较简单，我只需向左右两边分别转圆圈就行；摆摆舞则稍微复杂一些，我需要先往左旋转半个小圈，然后，急转回身，再往右旋转半个小圈，同时，不断地摇动腰部。

至于跳哪一种舞蹈，我会根据蜜源距离的远近来决定。

当蜜源距蜂巢较近，在 100 米以内时，我会选择跳圆舞；当蜜源距蜂巢较远，在 100 米以外时，我会跳"8"字形摆尾舞。另外，我的舞蹈时间越长，转的圈数越多，代表采蜜路线越远；我的舞姿越有激情，则蜜源的质量越高，花蜜越多越甜。我可以很骄傲地说，我的舞蹈语言非常准确，误差极小极小。

哦，对了，我的舞台，在蜂巢的中心，一个被叫作巢脾的地方。不过，在带着花蜜回巢后，我并不会马上起舞。相反，我会先安静地歇息一会儿，然后，慢慢把花蜜吐出来，挂在嘴边，等其他同伴将蜜吸走后才开始跳舞。

值得一提的是，除了舞蹈，我和同伴还有一种特殊的交流"语言"——信息素。这是一种微量化学信息物质，在传递情报时，我们的传播途径，是空气或成员间的接触。

其中，蜂王只有一个，它是一种雌性器官发育完全的雌蜂，也是我们所有蜜蜂的妈妈，它的生育能力特别强，一个昼夜，就能为家族带来 1.5 万~2.5 万个同伴。雄蜂，则是一种体形较大、全身长满了毛的成员，它的一生，最主要的任务，便是和蜂王完成一次交配，一旦交配结束，几分钟内，它便会死去。

职场经历 ⊙

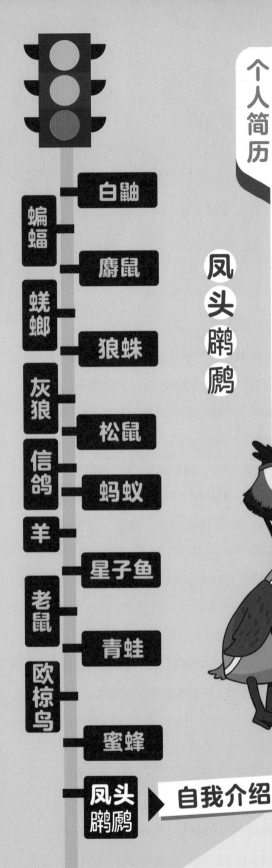

白鼬

蝙蝠

麝鼠

蠓螂

狼蛛

灰狼

松鼠

信鸽

蚂蚁

羊

星子鱼

老鼠

青蛙

欧椋鸟

蜜蜂

凤头鸊鷉

凤头鸊鷉

别 名	大凤头、债鸊鷉、浪里白、水老呱、水驴子
目	鸊鷉目
科	鸊鷉科
生 活 地	欧洲、亚洲、非洲、大洋洲
食 物	昆虫、昆虫幼虫、虾、喇咕、甲壳类、软体动物等水生无脊椎动物。偶尔也吃少量水生植物
性情习性	成对或集成小群活动在既是开阔水面又长有芦苇水草的湖泊中
寿命年限	20 年
职 业	花样游泳运动员（为了赢得雌鸟的欢心，雄鸟会表演别出心裁的水上舞蹈）
特 点	是一种游禽。也是体形最大的一种鸊鷉，雄鸟和雌鸟比较相似，有鸭子一样大小，嘴又长又尖，从嘴角到眼睛还长着一条黑线。它的脖子很长，向上方直立着，通常与水面保持垂直的姿势。体长为 50 厘米以上，体重为 0.5 ~ 1 千克。脖子修长，下体近白，上体灰褐，头的两侧和颏部白色，前额和头顶却是黑色，头后面长出两撮小辫儿一样的黑色羽毛，向上直立，所以被叫作凤头鸊鷉。脚的位置几乎处于身体末端，尾羽短而不显，趾侧有瓣蹼。瓣蹼十分发达

自我介绍

大家好，我的名字叫凤头鸊鷉。我是鸊鷉家族中，体形最大的成员，你也可以叫我冠鸊鷉。

我的长相十分具有辨识度。你瞧，我的嘴巴尖尖的，脖子优雅细长，眼睛是美丽的红色，嘴角到眼睛处还长着一条黑线。最最特别的是，我的脑袋后面生有黑色的冠羽，乍一看，就好似几撮竖着的小辫子，别提多神气了。

　　作为一种水鸟，不管是游泳还是潜水，我都是高手。我在游水时，喜欢将脖子向上直直挺着，与水面保持垂直。我喜欢频频潜入水中，在水下做高速度潜泳后，再从远处露头，突然浮出水面。你知道吗？我在水下停留的时间最长可达 50 秒呢。

　　我颇具表演天分。每年 5 ~ 7 月，也就是我的繁殖季节，为了赢得雌性的芳心，我会像花样游泳运动员一样，在水上做出精彩的求偶表演。

　　演出一开始，我会先潜入水中，衔起一束水草，像"献花"一样，朝着喜欢的雌性游去。雌性同伴见到水草，如果同意我的求爱，它便会兴奋地将身体高高地挺起，同时，点头、扭动，与我在水面上深情地对视，放声高歌。

职场经历 ⬇

宝宝，你长大后的梦想是什么呀？

爸爸，我要成为一名花样游泳运动员。

我和你爸爸已经把所有的动作要领都传授给你了，你现在已经是一名花样游泳运动员了呀！

不，妈妈，干咱们这一行，关键是玩出新花样。

冒出

哗！

　　有时候，被我吸引住的雌性也会与我一同潜入水中。我们会各自衔起一束水草，浮出水面，快速地游向对方。继而，我们会将身体挺直，展开翎毛，翘起尾巴，以胸相撞，激起阵阵水花。话说，我们这种表示亲昵的"撞胸"动作，和人类的深情拥抱与亲吻是一样的。

155

极地

小朋友们，说到北极，你们首先会想到什么呢？我猜，你们想到的大概是北极极端严寒、恶劣艰苦的自然环境吧！的确，北极气候终年寒冷，冬季漫长，可谓不折不扣的冰雪世界。

不过，你们也知道，即便是如此极端恶劣的自然环境，依然有不少动物在此定居，比如说，我们熟知的北极熊就是其中一位。

今天，让我们怀着激动的心情，一起走进冰天雪地的北极去看一看，除了北极熊以外，还有哪些动物这么不畏严寒，它们又各自拥有哪些了不得的本领，可以不畏风雪、坚守在自己的岗位上吧！

　　小朋友们，还有呢，说到居住在南极的小动物，我猜，你们首先想到的一定是身穿燕尾服的绅士——企鹅吧！

　　的确，企鹅是最古老的一类游禽，也是最地道的南极居民。听说，早在地球披上冰甲之前，它们就已经在南极安家落户了。

　　不过，我们也都知道，南极和北极一样，有着最恶劣的自然环境，以及漫长的冬季。那么，你们有没有想过，可爱笨拙的企鹅们，是如何在南极居住生存的？它们又拥有哪些了不起的本领，从事什么有趣的职业呢？

　　今天，我们也将目光投向冰天雪地的南极，睁大眼睛瞧一瞧吧！

麝牛 ▶ 麝牛

北极狐

个人简历

别　　名	麝香牛、北极麝牛
目	偶蹄目
科	牛科
生活地	北美洲北部、格陵兰等北极地区，栖息于气候严寒的多岩荒芜地带
食　　物	草和灌木的枝条，冬季也挖雪取食苔藓类
性情习性	群居
寿命年限	20～24 年
天　　敌	北极狼、北极熊
职　　业	保镖（危险来临时，成年麝牛会围成"铁桶阵"把小麝牛保护起来）
特　　点	为分布最北的有蹄类动物，外形上很像牛，但尾巴特别短，耳朵很小，眼睛前面具有臭腺，四肢也非常短，吻边除了鼻孔间的一小部分外，都被毛所覆盖，这些又与牛类不同

自我介绍

大家好，我的名字叫麝牛，我还有两个很神气的名字——麝香牛和北极麝牛。

身为牛科家族中的一员，我长得敦实健壮，外形与牛颇为相似，但与牛相比，我的四肢、尾巴都更为短小，全身的被毛也更长更密实。

我喜欢热闹，总是和几十个同伴一起生活。我们是一个特别团结的大家庭，所有成员都很友善，会一起精心地照顾下一代，也会主动地保护雌性成员和幼崽，外出活动时，总会将它们安排在队伍的中间位置。

你别看我平日里十分温顺，其实，我的性格勇敢极了，一旦遇到危险，比如说，遭到北极熊袭击时，我和同伴从来不会像野牛一样惊慌失措、四处奔逃，反而会聚拢在一起，结成一个圆形防御阵形。

你知道吗？我们的阵形也叫"铁桶阵"，担任警戒和护卫重任的是雄性成员。它们是家族中最出色的保镖，总会肩并肩、脸朝外地站在外沿，牢牢地

把雌性和小牛们围在中间。战斗过程中，机智的它，会用头上两只坚硬的长角，出其不意地对敌人发动进攻，并在一波进攻结束后，立刻返回原位，继续虎视眈眈地盯紧敌人，直到敌人无计可施，主动退散为止。

职场经历 ⊙

麝牛先生，我们需要的是老板的私人保镖，您的体格不太适合呢！

是吗？

人事部

麝牛先生，您这是做什么？快放下他！

为什么？我明明已经展示了自己的实力。

不适合。

怎么样，我的体格适合当保镖了吧？

因为他就是我的老板。

?

人事部

个人简历

北极狐

别　　　名	蓝狐、白狐
目　　　科	食肉目
科	犬科
生　活　地	分布于北极地区，活动于整个北极范围
食　　　物	主要为旅鼠，也吃鱼、鸟、鸟蛋、贝类、北极兔和浆果等
性情习性	单独或结群活动，雌狐狸之间有严格的等级，有一定的领域性
寿命年限	8～10 年
职　　　业	地道挖掘工（喜欢挖洞穴，而且时时刻刻都要维修、扩展洞穴通道）
特　　　点	冬季全身体毛为白色，仅鼻尖为黑色；夏季体毛为灰黑色，腹部颜色较浅。具有很密的绒毛和较少的针毛，可在 −50 摄氏度的冰原上生活，足底毛特别厚

自我介绍

大家好，我叫北极狐，不同的季节，我会穿着不同颜色的"毛外套"。

我的外形，小巧可爱，但扛冻能力却是超一流。

你知道吗？在狐族中，我是唯一居住在高寒极地地区的成员，可以在 −50 摄氏度的冰原上生活。当然啦，这多亏了我的一身皮毛。你瞧，它们又厚又密，既能防水，也能保暖，是我抵御冬季寒冷的最佳帮手。

我喜欢挖洞，是一名专业的地道挖掘工。当我筑巢时，我会特意给巢穴挖好几个出入口，并且，每年还要花上一段时间，对巢穴进行维修和扩展。这样一来，遇到暴风雪时，我就可以舒服地待在家里，一连几天都不出门啦。

哦，对了，我还很会精打细算，是个有名的"储藏家"。这又是怎么一回事呢？

原来，夏天食物充足时，我会储存一部分食物在巢穴中，留待冬天享用；冬天食物短缺时，我则会偷偷地尾随北极熊，蹭吃蹭喝。

坦白说，作为一枚吃货，我最爱的食物乃是新鲜的旅鼠。然而，旅鼠可从来不会束手就擒。

职场经历 ⬇

它们很聪明，为了保护自己，会将巢穴建在雪层下半米深的地方。因此，想要捕捉它们，我必须得使出浑身解数。

这样说吧，若是有人发现我在茫茫的雪地上奋力地扒拉积雪，然后，突然高高地跃起，再头朝下，像跳水一样"扑通"砸进雪堆里，那么，请不用怀疑，这一定是我发现了旅鼠窝，正在努力地将旅鼠们一网打尽。

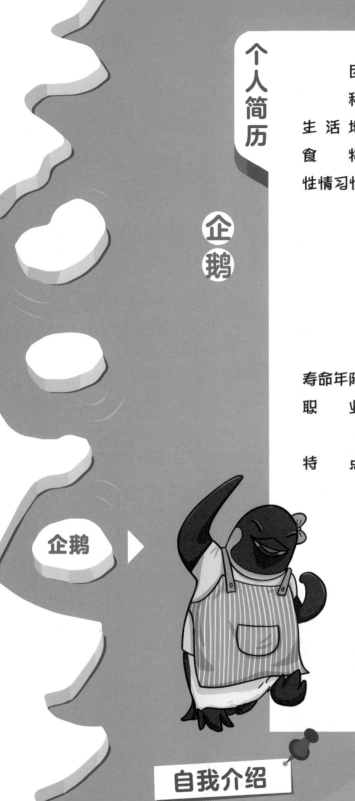

企鹅

企鹅 ▶

个人简历

目	企鹅目	
科	企鹅科	
生活地	大多数都分布和生活在南半球	
食物	以磷虾、乌贼、小鱼为食	
性情习性	群居，能够在严寒的气候中生活、繁殖。在陆地上活像身穿燕尾服的西方绅士，走起路来，一摇一摆，遇到危险，连跌带爬，狼狈不堪。但擅长游泳和潜水，游速每小时可达 25～30 千米。一天可游 160 千米；在地面上筑巢，有些种类用石子筑巢，另有些种类在地面挖坑，还有一些种类挖掘相当深的洞穴	
寿命年限	9～10 年	
职业	保育员（一般都是长大一些的小企鹅会被企鹅父母交给单身的大企鹅照看）	
特点	不能飞翔，有"海洋之舟"美称，是一种最古老的游禽，很可能在地球穿上冰甲之前，就已经在南极安家落户。 企鹅双眼由于有平坦的眼角膜，所以可在水底及水面看东西。双眼可以把影像传至脑部作望远集成使之产生望远作用。企鹅是一种鸟类，因此企鹅没有牙齿。企鹅的舌头以及上颚有倒刺，以适应吞食鱼虾等食物，但是这并不是它们的牙齿	

自我介绍

　　大家好，我的名字叫企鹅。很久以前，也有人叫我"肥胖的鸟"，因为我长得肥胖笨拙，走起路来一摇一摆的。后来，人们见我总爱站在岸边，总极力地向远处眺望，就好像在企盼着什么一样，便索性将我改名为"企鹅"。

　　我是一种海鸟，没有飞翔的能力，却十分擅长游泳和潜水。但和其他海

166

鸟不同，我在游泳时，并不依靠有蹼的双脚向前推进，我的"桨"是我又短又小的翅膀。

你知道吗？在鸟类王国中，我是当之无愧的游泳冠军，泳速每小时可以达到 25~30 千米。同时，我也有"海洋之舟"的美誉，可以下潜至水下 565 米。

哦，对了，我还是一名保育员，主要的工作职责乃是照料一大群企鹅宝宝。

说到这里，我猜你可能会有些疑惑，会想：小企鹅的爸爸妈妈去哪里了，它们为什么不亲自照料自己的孩子呢？事情是这样的，在小企鹅幼儿阶段，也就是出生后一个月左右，它们的父母会时刻陪伴在它们身旁，精心地照料它们。随着小企鹅越长越大，企鹅爸爸和妈妈为了方便外出觅食，就纷纷地将企鹅宝宝托付给单身的成年邻居照看。这样一来，一个由好多只企鹅宝宝组成的"幼儿园"就诞生了。

作为"幼儿园"的保育员，我很有责任心，总是会像照顾自己的孩子一样，精心地照料企鹅宝宝们。我会带它们玩耍，也会教它们一些基本的生存技能。有时候，天气实在是太冷了，我和其他"同事"便会将企鹅宝宝们团团地围住，用自己的身体替它们抵挡严寒。还有一些时候，我们的"幼儿园"会突然遭受到天敌的侵袭，那么，为了保护企鹅宝宝们，我会立刻发出求救信号，呼唤其他成员前来增援。我们是一个超级团结的家族，对入侵者，会群起围攻，毫不退让。

不过，偷偷跟你讲，每当企鹅宝宝们的父母觅食归来，将它们从"幼儿园"接回家去时，我总感觉很开心呢。唉，带孩子，尤其是带一大群孩子，实在不是一件简单的事情呀。

职场经历 ⊘

爸爸！

妈妈！

爸爸！

耶！劳累的一天终于结束了！

167

图书在版编目（CIP）数据

我的动物工友：爆笑动物职业图鉴 / 文小通著
. —北京：文化发展出版社，2023.12
　　ISBN 978-7-5142-4165-5

　Ⅰ．①我… Ⅱ．①文… Ⅲ．①动物－普及读物 Ⅳ.
①Q95-49

　中国国家版本馆CIP数据核字(2023)第216171号

我的动物工友：爆笑动物职业图鉴

作　者：文小通　　绘　者：中采绘画

出 版 人：宋　娜　　　　　　责任印制：杨　骏
责任编辑：肖润征　刘　洋　　责任校对：岳智勇
特约编辑：邓颖俐　　　　　　封面设计：于沧海
出版发行：文化发展出版社（北京市翠微路2号 邮编：100036）
网　　址：www.wenhuafazhan.com
经　　销：全国新华书店
印　　刷：河北朗祥印刷有限公司

开　　本：890mm×1194mm　1/16
字　　数：134千字
印　　张：10.5
版　　次：2023年12月第1版
印　　次：2023年12月第1次印刷

定　　价：88.00元
Ｉ Ｓ Ｂ Ｎ：978-7-5142-4165-5

◆ 如有印装质量问题，请电话联系：010-68567015